河南工程学院博士培育基金资助项目（DKJ2020005）
2021 年河南省国家级大学生创新创业训练计划项目（202111517008）

突出煤层顶板分段压裂的影响因素及裂缝扩展机制研究

张 帆 著

北 京
冶 金 工 业 出 版 社
2022

内 容 提 要

本书以实验室测试、数值模拟、理论分析、室内实验等手段，从突出煤层顶底板岩性、地应力特征、煤层气含量、煤体结构特征、顶底板岩性物性参数、煤体及顶底板裂隙等方面，分析了突出煤层顶底板实施分段压裂的差异、特点；运用重庆大学自主研发的多场耦合煤层气开采物理模拟试验系统，开展了煤岩真三轴水力压裂模拟试验、突出煤层顶板压裂钻孔层位模拟试验，揭示了复杂缝网结构形成的实验条件，分析了不同压裂钻孔层位对压裂裂缝扩展的影响特征；通过数值模拟软件分析了最小水平主应力、应力比、岩层间弹性模量、压裂岩层等对压裂裂缝扩展的影响；对比分析了突出煤层与顶板岩性的差异，提出在突出煤层顶板内采用分段压裂技术进行储层改造，揭示了突出煤层顶板分段压裂形成裂缝网络结构的力学条件；剖析了突出煤层顶板分段压裂工程案例，结合压裂曲线、排采曲线，分析了突出煤层顶板分段压裂的效果及特点。

本书可供从事煤矿瓦斯防治领域的工程技术人员与科研人员阅读，也可作为高等院校相关专业研究生和高年级本科生的教学参考书。

图书在版编目(CIP)数据

突出煤层顶板分段压裂的影响因素及裂缝扩展机制研究/张帆著.—北京：冶金工业出版社，2022.9

ISBN 978-7-5024-9253-3

Ⅰ.①突…　Ⅱ.①张…　Ⅲ.①煤层—顶板—压裂—研究　Ⅳ.①TD327.2

中国版本图书馆 CIP 数据核字(2022)第 156082 号

突出煤层顶板分段压裂的影响因素及裂缝扩展机制研究

出版发行　冶金工业出版社　　**电　话**　(010)64027926
地　址　北京市东城区嵩祝院北巷 39 号　　**邮　编**　100009
网　址　www.mip1953.com　　**电子信箱**　service@mip1953.com

责任编辑　夏小雪　卢　蕊　美术编辑　燕展疆　版式设计　郑小利
责任校对　郑　娟　责任印制　李玉山
三河市双峰印刷装订有限公司印刷
2022 年 9 月第 1 版，2022 年 9 月第 1 次印刷
710mm×1000mm　1/16；10 印张；191 千字；149 页
定价 60.00 元

投稿电话　(010)64027932　投稿信箱　tougao@cnmip.com.cn
营销中心电话　(010)64044283
冶金工业出版社天猫旗舰店　yjgycbs.tmall.com
(本书如有印装质量问题，本社营销中心负责退换)

前　言

煤炭作为我国重要的化石能源组成，专家认为预计2050年煤炭在我国一次性能源中所占比例不低于50%，其合理开发对于我国的经济持续稳健发展意义重大。随着煤炭开采深度的逐年增加，煤与瓦斯突出煤层逐渐增多，目前煤矿大多采用“专用岩石抽采巷+穿层钻孔”进行瓦斯预抽采，以降低煤层瓦斯含量、瓦斯压力，实现煤炭资源的安全回采。但“专用岩石抽采巷+穿层钻孔”治理措施存在施工工程量大、施工成本高、抽采周期长、衰减速度快等缺陷，亟需采用新技术改善常规治理措施存在的问题。

突出煤层顶板分段压裂技术正是针对突出煤层提出的一种新型卸压增透措施，该技术通过分段压裂在突出煤层顶板中形成缝网结构，改变原始地应力条件，通过消除应力集中改善压裂裂缝相互干扰现象，为煤层中赋存的瓦斯提供渗流通道。目前，该技术已经在沁水盆地、赵庄井田、淮北矿区芦岭煤矿等地开展了现场实践，验证了该技术对于提升瓦斯抽采纯量和瓦斯抽采浓度、缩短瓦斯治理周期等方面具有显著的降本增效的效果。本书以实验室测试、数值模拟、理论分析、室内实验等手段，对比了顶板、底板压裂的差异性，分析了不同因素对突出煤层顶板分段压裂的影响特征，揭示了突出煤层顶板中形成缝网结构的力学条件，对于完善突出煤层顶板分段压裂理论、优化现场施工参数具有借鉴意义。

全书共分为7章。第1章对水力压裂技术发展现状、压裂裂缝起裂机理、压裂裂缝扩展机理、水平井分段压裂技术等内容进行了分析和总结，分析了突出煤层顶板分段压裂存在的问题，并提出了针对性的研究内容。第2章以试验现场资料为依据，分析了突出煤层顶底板岩性、地应力特征、煤层气含量、煤体结构特征、顶底板岩性物性参数、煤体及顶底板裂隙等内容，对比了顶底板压裂的差异。第3章开展了煤岩真三轴水力压裂模拟试验、突出煤层顶板压裂钻孔层位模拟试验，揭示了复杂缝网结构形成的实验条件，分析了不同压裂钻孔层位对压裂裂缝扩展的影响特征。第4章通过数值模拟软件分析了最小水平主应力、应力比、岩层间弹性模量、压裂岩层等对压裂裂缝扩展的影响。第5章对比分析了突出煤层与顶板岩性的差异，提出在突出煤层顶板内采用分段压裂技术进行储层改造，揭示了突出煤层顶板分段压裂形成裂缝网络结构的力学条件。第6章以现场试验为分析对象，剖析了突出煤层顶板分段压裂工程案例，结合压裂曲线、排采曲线，分析了突出煤层顶板分段压裂的效果及特点。第7章对研究成果进行了总结和展望。

本书凝结了团队多年的研究成果，作者及团队成员在此领域进行了不同程度的研究，并得到了河南工程学院博士培育基金资助项目(DKJ2020005)、2021年河南省国家级大学生创新创业训练计划项目(202111517008)资助。室内实验及现场施工得到了煤矿灾害动力学与控制国家重点实验室、河南能源化工集团研究院有限公司、河南能源化工集团所属的中马村煤矿等单位的大力支持，在此致以衷心的感谢！作者在书中参考或引用了国内外有关文献，对所有文献作者表示诚挚谢意！

本书所开展的研究内容是在专家学者的研究成果上对突出煤层顶板压裂的补充和延伸。由于作者水平有限，书中难免存在遗漏和不足之处，敬请读者批评指正。

张　帆
2022年6月

目　录

1　绪论 …… 1
1.1　研究目的和意义 …… 1
1.2　国内外研究现状 …… 3
1.2.1　水力压裂技术研究现状 …… 3
1.2.2　水力压裂裂缝起裂机理研究现状 …… 6
1.2.3　水力压裂裂缝扩展机理研究现状 …… 7
1.2.4　水平井分段压裂技术研究现状 …… 10
1.2.5　存在的主要问题 …… 12
1.3　研究内容及技术路线 …… 13
1.3.1　研究内容 …… 13
1.3.2　研究方法 …… 14
1.3.3　技术路线 …… 15

2　突出煤层顶底板煤岩样物性特征 …… 16
2.1　工程背景概况 …… 16
2.1.1　压裂井位置 …… 16
2.1.2　突出煤层顶底板岩性特征 …… 17
2.1.3　突出煤层顶底板地应力特征 …… 22
2.2　煤层气含量试验结果分析 …… 26
2.3　等温吸附试验结果分析 …… 27
2.4　煤体结构特征 …… 28
2.5　煤层显微组分试验结果分析 …… 29
2.6　顶底板物性特征分析 …… 30
2.6.1　顶底板岩样物性参数分析 …… 30
2.6.2　煤体及顶底板裂隙发育特征 …… 32

3　煤储层裂缝网络结构形成机制物理模拟试验研究 …… 36
3.1　煤岩真三轴水力压裂模拟试验研究 …… 36
3.1.1　煤岩真三轴水力压裂试验系统 …… 36

3.1.2　煤岩真三轴水力压裂试验方案 …… 38
3.1.3　煤岩真三轴水力压裂试验试件的制作 …… 38
3.1.4　煤岩真三轴水力压裂试验结果分析 …… 42
3.2　突出煤层顶板压裂钻孔层位模拟试验研究 …… 51
3.2.1　突出煤层顶板压裂钻孔层位试验系统 …… 51
3.2.2　突出煤层顶板压裂钻孔层位试验方案 …… 53
3.2.3　突出煤层顶板压裂钻孔层位试验试件的制作 …… 56
3.2.4　突出煤层顶板压裂钻孔层位试验结果分析 …… 57
3.3　煤储层裂缝网络结构形成机制分析 …… 67

4　突出煤层顶板压裂裂缝扩展数值模拟研究 …… 69
4.1　最小水平主应力对压裂裂缝扩展的影响 …… 69
4.1.1　模型参数设置 …… 70
4.1.2　数值模拟结果分析 …… 70
4.2　应力比对压裂裂缝扩展的影响 …… 72
4.2.1　模型参数设置 …… 72
4.2.2　数值模拟结果分析 …… 72
4.3　岩层间弹性模量对压裂裂缝扩展的影响 …… 74
4.3.1　模型参数设置 …… 75
4.3.2　数值模拟结果分析 …… 76
4.4　压裂岩层对压裂裂缝扩展的影响 …… 79
4.4.1　模型参数设置 …… 79
4.4.2　数值模拟结果分析 …… 79

5　突出煤层顶板分段压裂增透机理研究 …… 82
5.1　突出煤层顶板分段压裂的概念及意义 …… 82
5.2　突出煤层顶板分段压裂诱导应力场模型 …… 86
5.2.1　突出煤层顶板分段压裂钻孔方向 …… 86
5.2.2　突出煤层顶板分段压裂应力场数学模型 …… 87
5.2.3　突出煤层顶板分段压裂破裂压力数学模型 …… 91
5.3　分段压裂裂缝诱导应力场分析及段间距优化 …… 92
5.3.1　压裂裂缝诱导应力场研究 …… 92
5.3.2　不同分段压裂模式的诱导应力分析 …… 95
5.3.3　突出煤层顶板分段压裂段间距优化 …… 96
5.3.4　突出煤层顶板分段压裂形成裂缝网络结构的力学条件 …… 99

5.4　天然裂缝对突出煤层顶板分段压裂裂缝的影响 …… 99
5.4.1　压裂裂缝转向沿天然裂缝面扩展延伸 …… 100
5.4.2　压裂裂缝穿过天然裂缝面扩展延伸 …… 102
5.4.3　转向扩展路径的等效平面裂缝 …… 103
5.5　煤岩物性参数对突出煤层顶板分段压裂裂缝的影响 …… 104
5.5.1　煤岩物性参数对脆性指数的影响 …… 104
5.5.2　煤岩物性参数对突出煤层顶板分段压裂缝高的影响 …… 106
5.6　煤岩交界面对突出煤层顶板分段压裂裂缝的影响 …… 108
5.6.1　煤岩交界面胶结完好无伪顶的情况 …… 108
5.6.2　煤岩交界面不完全胶结存在伪顶的情况 …… 110

6　现场工程案例分析 …… 112
6.1　压裂井井型 …… 112
6.1.1　水平井压裂层位 …… 112
6.1.2　井身结构及井型 …… 113
6.2　突出煤层顶板储层改造技术选型 …… 115
6.3　现场工程案例方案 …… 118
6.3.1　水力喷射压裂位置 …… 118
6.3.2　压裂液和支撑剂选型 …… 123
6.3.3　压裂裂缝形态模拟 …… 124
6.4　现场工程案例结果分析 …… 127
6.4.1　压裂效果分析 …… 127
6.4.2　排采效果分析 …… 132

7　结论 …… 136

参考文献 …… 138

1 绪　论

1.1 研究目的和意义

我国煤层气储量丰富，位居全球第三，仅次于俄罗斯、加拿大，埋深 2000m 以浅的煤层气储量约 $36.8\times10^{12}m^3$，1500m 以浅的可采煤层气储量约 $10.9\times10^{12}m^3$，其中华北地区、西北地区、华南地区、东北地区的煤层气资源量分别占全国煤层气资源总量的 56.3%、28.1%、14.3%、1.3%[1-3]。煤炭作为我国经济发展的支柱性产业，在开采过程中，吸附在煤基质、游离在煤孔隙中的煤层气将被释放，当其浓度达到 5%~16%时，遇到明火易发生瓦斯爆炸，给煤矿安全生产、人员安全带来灾难[4]。随着国家政策的完善，人们安全意识的提高，科学采矿的实施，近年来百万吨死亡率、瓦斯事故死亡人数逐年递减（见图 1-1），但对瓦斯的防治工作依然任重道远。

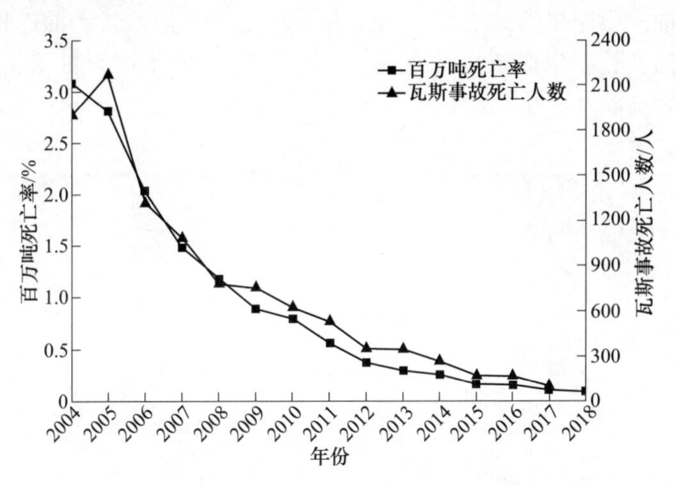

图 1-1　2004~2018 年煤矿瓦斯事故死亡人数

诸多煤矿在开采掘进时，直接将释放出的煤层气通过巷道排放到空气中，每年因此排放的煤层气约 200 亿立方米，折算成标准煤约 2600 万吨，与三峡水电站一年的发电量相当[5]。这不仅是天然气资源的浪费，而且每年直接排放的煤层气将加剧全球变暖趋势。随着我国煤矿去产能、煤炭结构优化的进行，天然气的消费比重逐年递增，煤层气的有效开采可以为我国能源结构的调整提供新途径。我国煤层气规划开发经过 20 多年的探索和发展，已形成山西沁水盆地、内蒙古鄂尔多斯盆地、新疆准噶尔盆地南缘三个煤层气产业化基地。2020 年我国天然气累计产量达到 1888.5 亿立方米，但每年仍然存在 1800 亿~2000 亿立方米的缺口，储量巨大的煤层气资源将承担填补气源不足的缺口。

煤炭和瓦斯属于同源同体的共伴生矿产，随着“煤矿绿色开采”概念的提出，煤与瓦斯共采模式被重视，但我国煤层气储层具有“三低一高”的特点，导致瓦斯抽采困难，无法形成高效的商业化开发[6]。随着煤矿开采深度的增加，突出煤层逐渐增多，针对此类煤层，煤矿井下现行的主要瓦斯治理技术是在突出煤层底板施工专用抽采岩石巷道，再采用大规模穿层钻孔预抽煤层瓦斯，以实现突出煤层在低瓦斯条件下的安全开采。但采用底板岩巷和穿层钻孔进行瓦斯区域治理，不仅在人员安全、经济效益、操作技术等方面存在挑战，而且存在巷道工程量大、钻孔工程量大、成本高、钻孔容易失稳、抽采周期长、抽采效率低等缺陷[7-8]。

以孔代巷技术正是针对突出煤层进行瓦斯区域治理时提出的新技术，该技术是在精细化分析抽采地质的基础上，采用带有随钻测斜装置的常规回转钻机或定向千米钻机，在煤层或顶底板中施工长钻孔，通过水力压裂、可控冲击波、气驱、水力割缝等增透增产技术，达到高效抽采瓦斯的目的，最后利用可靠的区域抽采达标评价技术进行区域达标评价，最终实现以钻孔代替顶底板岩石巷道的目的，使瓦斯抽采由原先的高成本“抽得出”转变为“抽得快、抽得省”[9]。以孔代巷技术的钻孔类型包括地面 U 型井（见图 1-2）、井地联合抽采钻孔、本煤层长钻孔、围岩梳状孔、多功能钻孔、大直径掏槽钻孔等。

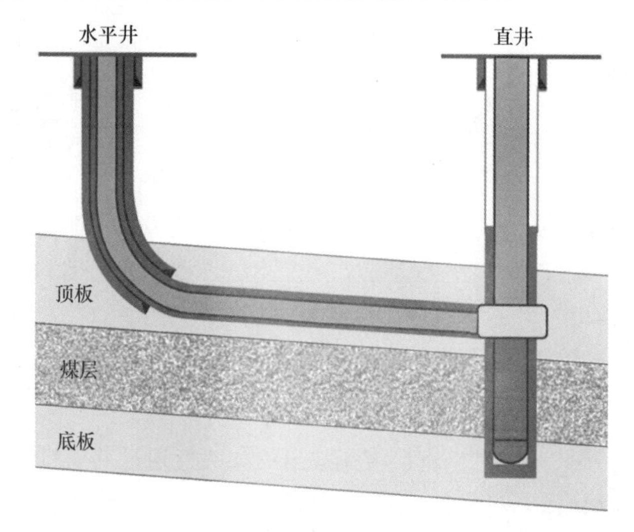

图 1-2 彩图

图 1-2　突出煤层顶板 U 型井

分段压裂技术作为以孔代巷技术中关键的卸压增透技术之一，能有效地改造储层、提高储层渗透率、改善瓦斯抽采效果。通过对比突出煤层压裂、突出煤层顶板压裂的优缺点，最终选择在突出煤层顶板开展分段压裂研究。但由于我国在煤层气分段压裂方面未开展系统深入的研究，导致该技术的使用相对滞后，存在问题较多。分段压裂技术未能在煤层气开采领域推广应用的根本原因在于以下问题未能有所突破：（1）分段压裂理论研究相对薄弱；（2）分段压裂设计施工参数的选择存在盲目性；（3）分段压裂工艺、装备研发等方面，在某种程度上限制了该技术在突出煤层顶板中的推广应用。

鉴于上述分析，为了深入研究突出煤层顶板分段压裂增透机理及效果，完善煤层气分段压裂理论，本书以河南能源化工集团焦煤公司中马村矿二$_1$煤层顶板压裂井为研究对象，测试了二$_1$煤层及其顶底板的物理特征，开展了煤岩真三轴水力压裂模拟试验、突出煤层顶板压裂钻孔层位模拟试验，分析了最小水平主应力、应力比、压裂岩层、岩层间弹性模量对压裂裂缝扩展的影响，研究了突出煤层顶板分段压裂增透机理，分析了突出煤层顶板分段压裂现场工程案例，以期为突出煤层安全开采、煤矿瓦斯灾害防治领域提供理论依据和技术支撑。

1.2 国内外研究现状

1.2.1 水力压裂技术研究现状

水力压裂技术因美国页岩气的成功开发而闻名世界，页岩气的成功开发不仅满足了美国能源自给，而且改变了全球范围内的能源供需格局[10]。全球第一次水力压裂始于1947年，当时美国为了与酸化增产技术进行对比，在堪萨斯州西南部的Hugoton油田第一次将水力压裂应用于气井生产，自此世界第一口压裂井在Kelpper 1井压裂成功[11]。20世纪40年代后期~20世纪60年代，水力压裂技术在油气生产领域得到广泛的运用，并在试验、压裂工艺、支撑剂等方面的研究中迅速发展和完善。在20世纪70年代，大规模水力压裂使低渗油气藏的商业化开发成为现实。之后，人们开始对水力压裂技术进行优化设计，对压裂理论进行发展和完善，同时对压裂设备、压裂工艺、压裂液、支撑剂等方面进行了研究，形成了与常规油气藏开发截然不同的水力压裂理论与技术[12-16]。

我国水力压裂技术的应用始于20世纪50年代，1952年在延长油矿开始试验，煤层气的发展史中，世界范围内首次开展煤层压裂是于1954年美国亚拉巴马州沃克县，由此诞生了煤层气工业[17]。1978 年，美国能源部和相关公司在黑勇士盆地进行了商业化煤层气开发联合项目[18]。20 世纪 90 年代，美国在黑勇士、圣胡安盆地迅速形成了产业化的煤层气生产规模。我国煤层气勘探开发始于 20 世纪 80 年代中期，直至 2002 年前仍处于地质勘探、寻气阶段。20 世纪 90 年代随着压裂设备的升级和大排量活性水压裂技术的形成，在局部地区实现了商业化开发，如阜新盆地的王营区块、沁水盆地东南部，标志着我国煤层气地面井商业化开发实现了零的突破。进入 21 世纪，我国煤层气工业发展迅速，煤层气井数剧增。我国在 2012 年的地面煤层气产量约 25. 73 亿立方米，与美国 1989 年煤层气产量相当。我国煤层气产业已度过了摸索阶段，处于快速发展阶段的拐点，表 1-1 为各主要国家煤层气发展阶段。

表 1-1 各主要国家煤层气发展阶段

主要国家	研究勘探期	摸索起步期	快速发展期	成熟期
美国	1970~1980 年	1981~1989 年	1990~2001 年	2002 年至今
加拿大	1978~2000 年	2001~2003 年	2004~2009 年	2010 年至今
中国	1981~2002 年	2003~2016 年	2017 年至今	

“十三五”期间，地面煤层气年增长量达 30 亿立方米，但我国煤层气开发的核心理论及技术、关键材料、装备等方面需要进一步研究。与此同时，已建成三个煤层气开发利用先导性示范工程，即山西沁水盆地、内蒙古鄂尔多斯盆地、新疆准噶尔盆地南缘三个煤层气产业化基地。目前，我国此领域的专家学者正积极将体积改造、通道压裂技术运用到煤层气的开发中，以期实现煤层气井的高效开发[19-21]。

由于我国煤层气储层地质条件复杂、渗透率低，因此，需要针对不同的地质条件，对煤层气水力压裂技术进行优化设计。对水力压裂的设计研究始于 20 世纪 80 年代中后期，研究内容主要包括压裂参数设计、压裂模型设计、压裂工艺优化等方面[22-24]，而压裂几何参数反映了实际储层水力压裂效果的关键在于是否选用了适宜的水力压裂模型描述压裂目标储层[25]。压裂裂缝的几何形态（长、宽、高）是水力压裂设计的关键，也是影响水力压裂效果的主要因素之一[26]。从 20 世纪 50 年代以来，研究人员提出并发展了多种模型，并逐渐对压裂模型进行了完善，综合的因素也越来越多，总体上水力压裂模型分为二维模型（20 世纪 60 年代和 20 世纪 70 年代中期）和三维模型（20 世纪 80 年代后期），三维模型又分为拟三维模型和全三维模型。

1957 年，R. D. Carter[27]在考虑压裂液滤失后最早提出了卡特计算模型，认为水力压裂形态为长方体，井底延伸压力与裂缝内各点压力相等，压裂液滤失主要是压裂液与压裂裂缝接触的时间函数。继卡特模型之后，较为经典的二维模型是KGD模型和PKN模型（见图1-3）。KGD模型首先由Khristianovic和Zheltov于1955年提出[28]，然后由G. D. Klerk、Daneshy和Non-Newtonian等加以发展称为KGD模型，该模型认为压裂裂缝的扩展是水力作用的结果，裂缝横断面是矩形，侧面为椭圆形[29-33]，假定缝高固定，缝内的压裂液在裂缝内流动存在流动滞后现象，压裂液的压裂梯度由垂直方向上矩形缝内的流动阻力决定，裂缝端部的应力等于岩石的抗张强度，裂缝会在其尖端处闭合，模型适用于长时间水力压裂作业设计。PKN模型由T. K. Perkins和L. R. Kern于1961年首次提出[34]，该模型假定裂缝高度恒定，裂缝断面呈椭圆状扩展延伸，该模型适用于低滤失系数和短时间的压裂施工设计[35]。

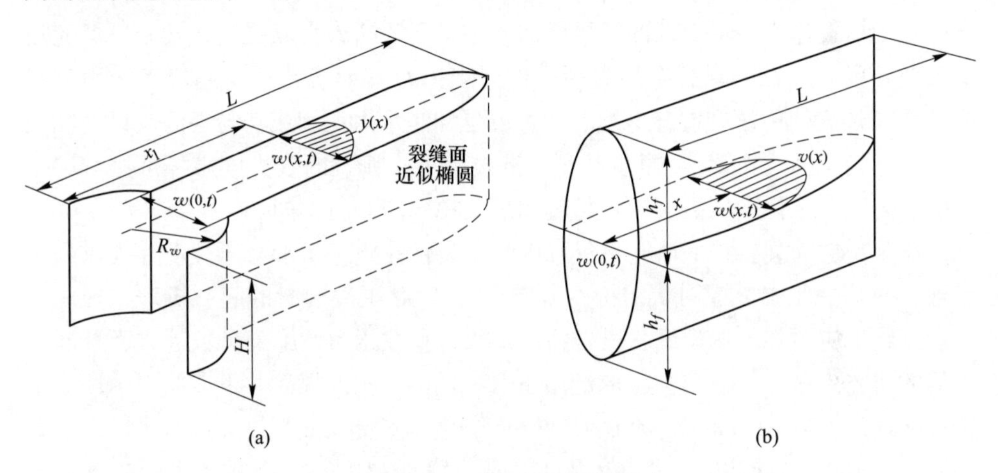

图1-3 KGD模型和PKN模型

（a）KGD模型；（b）PKN模型

20世纪80年代，V. Eekelen、M. P. Cleary、A. Settari等[36-39]描述了复杂储层中拟三维裂缝的几何形态。I. D. Palmer和G. T. Luiskutty[40]提出的拟三维模型假定压裂裂缝为椭圆形，缝内流动简化为一维流动，用PKN模型中的压降方程描述裂缝中压力分布情况，建立了包含缝高和缝内净压的裂缝宽度分布方程。此外，C. H. Yew、T. A. Koelsch、C. K. Lu、M. J. Bouteca等也提出了拟三维模型[41-43]。上述学者提出的拟三维模型基本能够反映压裂裂缝的三维状态，比二维模型更加接近实际，与全三维模型相比，具有计算迅速、用时短的特点，缺陷是假设裂缝内的流体为一维流动，且大部分运用二维弹性理论推导压裂裂缝的宽度方程。

针对全三维模型的研究始于20世纪70年代末，在20世纪80年代获得了很大的发展。全三维模型假定流体在裂缝内的流动为定常层流流动，忽略裂缝宽度方向的流动（流速为0），该模型能够真实地反映裂缝在储层中三维方向上扩展的实际情况。目前全三维模型主要有2个：TerraFrac 全三维模型和 Cleary 模型。TerraFrac 全三维模型[44]是由 R. J. Clifton、A. S. Abou-Sayed 提出的，该模型认为裂缝的几何形态与储层中的岩石弹性变形、流体的流动有关，为目前最具权威的全三维模型。Cleary 模型是由 M. P. Cleary 等[45]提出的，该模型求解程序庞大，不便用于现场，经常被用于校正拟三维模型。随着水力压裂技术在煤层气开发中的应用，国内诸多学者也针对不同的煤层气井对压裂模型进行了不同程度的改进，使之适用于煤层气井水力压裂分析[46-51]。

1.2.2 水力压裂裂缝起裂机理研究现状

水力压裂作为一项有效的卸压增透措施，已逐渐成为煤层气开发中广泛应用的重要手段[52-55]。压裂裂缝的起裂、扩展规律及其形态特征受到诸多因素的影响[56-61]，煤岩体中压裂裂缝的起裂、扩展延伸是水力压裂成功与否的关键，相关的研究准则包括[62-66]库仑-摩尔准则、抗拉强度准则、断裂力学破坏准则等，不同的煤岩赋存条件下压裂裂缝的起裂和扩展规律均有所不同。

压裂裂缝起裂机理的研究不仅可以为压裂钻孔施工、水力压裂设计提供理论指导，而且是形成裂缝网状结构的基础[67]。针对压裂裂缝的起裂机理，国内外学者围绕地应力、天然裂缝、煤岩物性参数、孔隙压力、施工参数等方面开展了大量的研究工作[68-73]，目前已广泛用于低渗透油气田及煤矿井下煤储层的卸压增透。在国外，M. K. Hubbert 和 D. G. Willis[68]最早对储层破裂压力进行了研究，并计算得出 Hubbert-Willis 公式。B. A. Eaton[69]随后利用密度测井曲线计算覆岩层压力的方法对该公式进行了修正。而目前最常用的破裂压力计算公式是由 B. Haimson 和 C. Fairhurst[70]提出的 Haimson-Fairhurst 破裂压力计算公式。M. A. Emanuele 等[71]研究发现，通过增加液体注入量、改变射孔参数的大小可以降低多裂缝起裂的可能性。D. G. Crosby 等[72]研究得出了多条压裂裂缝的起裂准则，且分析了裂缝间的互相干扰作用。随后，专家学者通过理论分析，研究了储层的破裂压力、裂缝起裂方位、压裂施工的设计优化等，并推出了全新的岩石破裂压力计算方法，提高了破裂压力的计算精度[73-79]。

煤矿井下压裂裂缝的起裂方位、破裂压力主要受地应力、出水孔方位（见图1-4）、天然裂缝、煤岩力学参数、压裂液排量、压裂技术及工艺的影响[80-86]，其中压裂裂缝的起裂方位主要由地应力和天然裂缝决定。当压裂液泵注入压裂钻孔，压裂液沿着钻孔附近的天然裂隙流动，并产生初始裂缝，随着压裂液的持续泵注，压裂裂缝不断与多级天然裂缝相互沟通，最终形成复杂缝，但水力压裂主裂缝最终趋于最大水平主应力方向，部分裂缝在钻孔周围出现转向现象[87-91]。近些年，针对煤储层水力压裂的破裂压力计算，大都借鉴油气田破裂压力的计算方法。国内学者从理论、室内模拟试验、数值模拟分析的角度，针对不同压裂地层的自身特性，开展了不同条件下的破裂压力方面的研究。在考虑煤体内端割理、面割理的情况下，采用有限元的模拟方法，对不同条件下的破裂压力进行了计算，研究发现煤体内端割理、面割理会降低其破裂强度[92-93]；室内水力压裂试验结果表明：压裂裂缝破裂压力、起裂时间与水平主应力差呈反比例关系，试验试件破裂面表面积与水平主应力差呈正比例关系[94]。

图 1-4 型煤水力压裂试验裂缝形态[82]

综合可知，前人重点研究了垂直井压裂时压裂裂缝的起裂机理，而对突出煤层顶板水平井分段压裂裂缝的起裂机理研究相对较少。同时，地应力、天然裂缝、煤岩力学参数、施工参数等因素，也会影响顶板分段压裂时压裂裂缝的起裂方位、裂缝扩展及其形态特征，而对该方面的研究相对较为缺乏。

1.2.3 水力压裂裂缝扩展机理研究现状

压裂裂缝扩展路径及其形态特征是评价压裂好坏的关键因素，其受到多种因素的影响，包括地应力、天然裂缝、煤岩物性参数、压裂液排量、压裂液黏度、施工工艺、压裂设备等[95-97]。相关的压裂裂缝扩展理论模型包括二维模型、拟三维模型、全三维模型。

传统水力压裂技术的最大特点是假设压裂产生的裂缝为张开型起裂，压裂后产生“T”型缝、“工”型缝、多裂缝等复杂缝[98-100]，且裂缝形态以垂直缝居多，也有垂直缝和水平缝共生的情况[101]。在煤储层开展水力压裂作业时，压裂裂缝的扩展主要受地应力、天然裂缝的影响，当压裂裂缝遭遇天然裂缝后，压裂裂缝与天然裂缝间的逼近角不同，造成压裂裂缝的扩展路径不同，进而形成不同的压裂裂缝形态及裂缝网络结构，但是当压裂裂缝扩展一定距离后，水力压裂主裂缝会逐渐转向至最大水平主应力方向，压裂裂缝的转向次数、角度与天然裂缝数目、发育程度密切相关[102-106]。

近年来，体积改造技术在石油、页岩气、致密砂岩气等领域的开采中取得了良好的增产效果，这对于煤层气的开发具有积极的借鉴意义。2002 年，S. C. Maxwell 等研究发现压裂裂缝不仅是对称缝，而是呈现出复杂的裂缝网络结构[107-109]。M. J. Mayerhofer 等在 2006 年研究页岩压裂裂缝与产气量的关系时，提出通过改变压裂段间距、压裂段长、压裂液排量等参数，可实现体积改造的效果，并首次提出了体积改造的理念[110]。在国内，雷群等于 2008 年首次提出了“缝网改造”的概念[111]。吴奇等于 2011 年将“体积改造”应用于油气储层中[112]。体积改造与常规压裂的区别见表 1-2[113]。随后体积改造技术的研究逐渐受到重视，但在煤层气开发中的运用依旧较少，主要是煤层赋存条件、煤岩力学参数等特征与页岩有较明显的区别[114-117]。

表 1-2 常规压裂与体积改造的对比分析[113]

名称	常规压裂技术	体积改造技术
压裂液	高黏度压裂液，造主缝	滑溜水压裂/复合压裂，沟通天然裂缝
射孔方式	单段射孔，避免多裂缝	多段分簇射孔，创造多裂缝
缝间干扰	单端压裂，减少缝间干扰	多段分簇压裂，缩短段间距，利用干扰
粉陶段塞	降低孔眼摩阻，封堵微裂缝	沿次生裂缝运移，促使裂缝转向
支撑剂	高砂比—高导流	低砂比—低导流
排量	适度排量泵注	高排量泵注

逐渐发展应用的体积改造技术颠覆了传统的压裂理论，促进了现有压裂理论的发展和完善[118]。体积改造在水力压裂的过程中，形成一条或者多条水力主裂缝的复杂裂缝形态，在整体上改变压裂目标地层的三维空间渗透性，进而提高初始产量和最终采收率[119-120]。

目前，国外已成功将体积改造技术用于页岩气、致密砂岩气等油气田的开发中，其开采效益明显改善，其中美国对 Barnett 页岩的开采最具代表性[121]。美国页岩气的成功开采，是由于页岩储层具有显著的脆性特征、内部天然裂缝发育程度较高，天然裂缝发育是体积改造的必要条件，储层内进行体积改造时，形成的主裂缝会沟通不同发育程度、不同发育方向的天然裂隙，进而形成复杂缝，并且不同发育程度的天然裂缝会形成不同形态的裂缝网络结构[122]。由于压裂裂缝总是趋向于最大水平主应力方向扩展延伸（见图 1-5），所以当天然裂缝的发育方位与最小水平主应力的方位一致时，压裂裂缝遭遇天然裂缝后有利于形成相互交错的裂缝网络结构[122]。研究发现高脆性指数是体积改造的有利条件，岩石的弹性模量越大、泊松比越低，其脆性越强，越容易产生裂缝网络结构；岩石的脆性指数越高，储层的可压性越好[123]。大量的经验数据表明，脆性指数>35 时，储层内可以形成较宽的裂缝破碎带；脆性指数>40 时，储层内容易形成裂缝网络结构[124]。储层水平主应力差小是体积改造的前提条件，试验结果表明：水平主应力接近的情况下，有利于形成裂缝网络结构[124-125]。

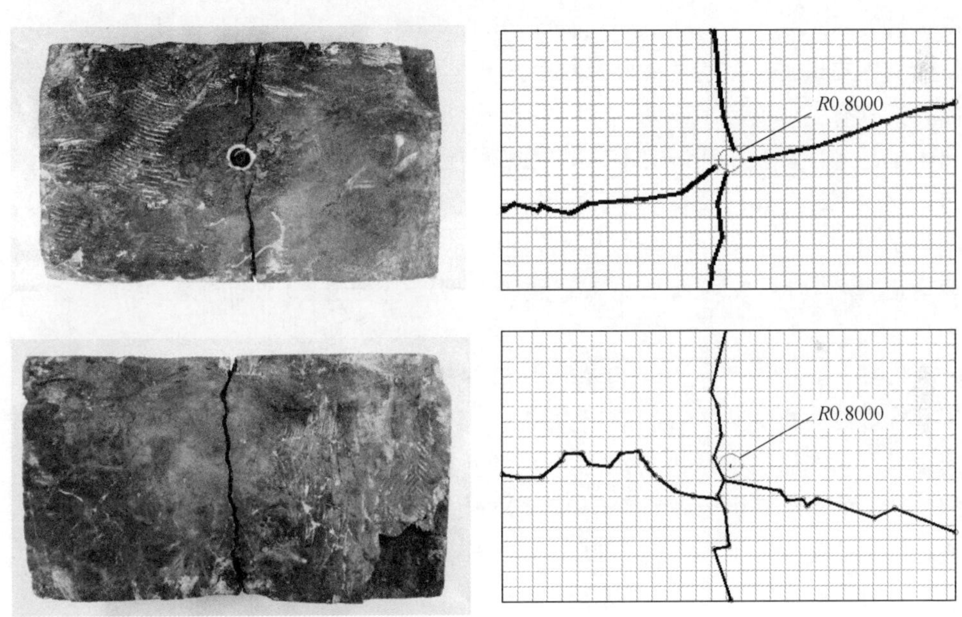

图 1-5 压裂裂缝转向试验裂缝形态[120]

由于现有的水力压裂改造技术受到煤储层条件、压裂工艺等多重因素的制约，已无法满足煤层气井高产、稳产的要求，因此有必要借鉴美国页岩气开发的成功经验，通过体积改造形成三维立体裂缝网络结构，沟通不同发育程度的天然裂缝，减小流体的渗流阻力，使尽可能多的流体渗流入井，最终实现煤层气井的高产、稳产[126]。煤岩体内部发育有多条天然裂缝，当在煤储层中进行体积改造时，产生的水力压裂主裂缝会沟通不同发育程度的天然裂缝，最终形成大范围的复杂缝，并取得显著的压裂效果。

1.2.4 水平井分段压裂技术研究现状

常规压裂通常形成的是单一缝，在厚煤层中难免会存在空白带，未被释放的瓦斯转为潜在的危险源，好比一个藏在煤层中的气球，随时有爆炸的可能。如果煤炭开采过程中被“扎破”，后果将不堪设想。如果煤层中不能实现均匀增透、充分卸压，就无法排除潜在的瓦斯“雷区”。鉴于此，国内外学者对体积改造技术进行了探索，体积改造技术能够使钻孔内孔隙水压力作用相互影响，众多细小压裂裂缝在其间相互贯通，进而形成裂缝网络结构，煤层中即可实现均匀增透、充分卸压，达到储层改造的目的[128-129]。

国内外大量油气田的开采实践表明，水平井分段压裂技术作为体积改造技术的关键技术之一，于2008年美国页岩气的开发中被广泛应用，该技术的应用不仅为美国提供了充足的气体资源，而且打破了原有的全球能源格局，对于煤层气的开发具有良好的启示作用[130-133]。近年来，随着煤矿开采深度的增加，低渗突出煤层越来越多，实践证明水平井在煤层气开采中的应用要优于垂直井[134]。通过采用水平井分段压裂技术可以大范围沟通地层中的天然裂隙，形成复杂的裂缝网络结构，而且水平井能够增大与煤层的接触面积，进而为煤层气的运移提供快速通道[135]。研究发现水平井压裂裂缝一般有三种形态：横向缝、纵向缝、水平缝[136]。

F. M. Giger[137-138]在1985年首次提出并阐述了何为水平井压裂，指出水平井压裂在今后必定具有广阔的应用空间。1989年，首次在美国东部弗吉尼亚州韦恩镇的页岩气储层中钻进了水平井，利用水平井压裂技术成功对该井进行了压裂，产出的页岩气由原先的56640m^3/d增加到2690400m^3/d，这标志着水平井压裂进入工业化生产阶段[139]。1992年，J. E. Brown[140]指出北海Danish油田进行的水平井分段压裂效果最好，共打了10口井，压裂裂缝条数由原先的5条最多压裂到10条，说明水平井压裂十分有效。随着科学技术的发展，目前形成的较为广泛使用的水平井压裂技术包括顺序压裂、交替压裂、拉链式压裂，目的均是利用压裂过程中产生的应力干扰，以形成复杂的裂缝网络结构，提升目标压裂储层的渗透率。

水平井分段压裂技术的提出有效地促进了页岩气的开发，国外现有的技术包括水力喷射分段压裂技术、滑套封隔器分段压裂技术、裸眼封隔器分段压裂技术等，其中水力喷射分段压裂技术、滑套封隔器分段压裂技术、双封单卡分段压裂技术为水平井压裂的主体技术，被广泛使用[141]。滑套封隔器分段压裂技术是一次射孔多段，下入分压工艺管柱，油管打压完成所有封隔器坐封，并打开下压裂通道定压滑套，压下部层段；后续逐级投入球棒，打开喷砂器滑套，进行后续层段的压裂，压后起出压裂管柱[142]。裸眼封隔器分段改造装置（见图 1-6）是多级裸眼封隔/滑套完井能够通过裸眼多级分离，实现压裂过程中对压裂液的按需分配，改善压裂效果[143]。水平井复合桥塞分段压裂技术主要原理是每段压裂施工结束后，用液体将带射孔枪的桥塞泵入水平段指定封隔位置，射孔与桥塞封堵连作，逐级下入、逐级压裂，改造后用连续油管转磨桥塞，合理排液投产[144]。

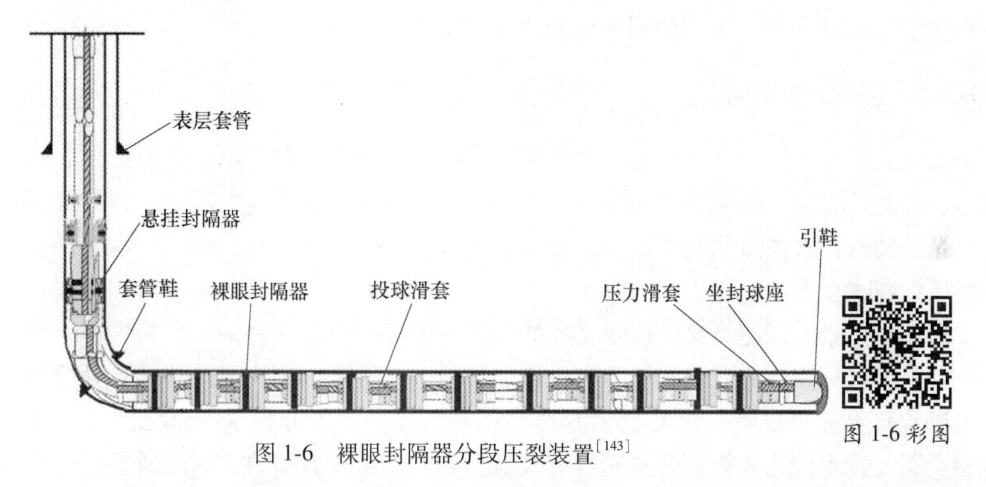

图 1-6 裸眼封隔器分段压裂装置[143]

图 1-6 彩图

水力喷射压裂思想和方法由 J. B. Surjaatmadja 在 1998 年首先提出，2002 年应用规模逐渐增大，应用初期主要以裸眼水平分段增产改造为主，后期在垂直井中的应用也逐渐增多[145-147]。水力喷射压裂综合了水力喷射射孔、水力压裂、酸化、射流泵及双路径泵入流体等多种技术，是集射孔、压裂、隔离于一体的新型增产技术。水力喷射压裂技术虽然优点诸多，但也存在一些缺点，比如：水力喷砂工具磨损严重，喷射到储层的反流会对喷射工具表面造成损伤。

水力喷射分段压裂技术（hydraulic jet multi-staged fracturing technology）适合分段、分层作业，无须机械封隔，具有定位准确、储层伤害小、利于多次压裂等优点，被诸多学者重视和研究[151]。水力压裂的目标是在储层中形成裂缝网络结构，提高储层的渗透率，压裂裂缝的展布直接关系到压裂效果的好坏，进而影响储层的渗透率[152]。水力喷射包括射孔和压裂两部分，射孔是将流体通过喷射工具，产生高速射流冲击或切割套管、水泥环和岩石，形成具有一定深度和直径的射孔孔眼；压裂裂缝主要受地应力和天然裂缝的尺寸及其发育程度的影响[153]。因此，对水力喷射分段压裂形成的裂缝形态的预测不仅包括射孔过程的裂缝形态，而且包括压裂过程的裂缝形态。

水平井分段压裂技术作为一项高效的低渗煤层的增透措施，可以更大程度地增大与煤储层的接触面积，扩大压裂影响范围，大幅提高裂缝导流能力。虽然国内技术人员利用分段压裂技术，在黑龙江鸡西城山煤矿[135]、沁水盆地[150]、贵州松河井田[154]、河北宣东二号煤矿[155]、赵庄井田[156-157]、织金区块织2U1P井[158]、淮北矿区芦岭煤矿[159]等地，开展了煤储层卸压增透作业，有效地提高了煤储层的渗透率，实现了瓦斯高效抽采，但是国内瓦斯抽采领域的分段压裂研究尚处于摸索阶段，特别是针对复杂的煤层结构特征和煤岩力学特性，需根据煤储层的地质特征，有针对性地开展分段压裂研究，最大限度地发挥其优势，才能为煤层气的勘探和开采提供理论依据和技术支撑。

1.2.5 存在的主要问题

随着矿井开采深度的增加，我国突出煤层越来越多，此类煤层具有低压、低渗、高瓦斯含量、抽采难度大等特点，给煤矿安全生产带来巨大困难。针对此类煤层，选取何种高效的瓦斯治理技术一直是摆在专家学者面前的难题。水平井分段压裂技术在石油、页岩气、致密砂岩气的开发中取得了显著效果，对突出煤层中瓦斯抽采具有借鉴意义。但是在碎软低渗突出煤层中的压裂钻孔容易失稳，压裂效果不甚理想，为此可选择在突出煤层顶板进行压裂。而我国煤矿井下分段水力压裂技术起步较晚，尚处于摸索期，对突出煤层顶板分段压裂理论、室内试验、工艺技术优化等方面的研究鲜有报道，因此亟需开展相关方面的研究。尚存在如下主要问题需要深入探讨：

(1) 石油、页岩气、致密砂岩气开采领域的分段压裂技术对于煤层气开采具有借鉴意义，但关于突出煤层顶板分段压裂增透机理及效果的研究鲜有报道。因此，需要根据煤储层的物性特征，因地制宜地、有针对性地开展突出煤层顶板分段压裂增透机理方面的研究。这不仅可以为突出煤层中瓦斯抽采提供新的思路，而且能够为现场压裂施工参数的设计优化提供理论依据和数据支撑。

(2) 煤矿井下有很多影响水力压裂增透效果的煤岩力学参数，不同的力学参数对分段压裂的影响不同，哪些参数对突出煤层顶板分段压裂的影响较大，尚未开展有针对性的研究。因此，测试煤岩物性参数，分析影响突出煤层顶板分段压裂效果的关键参数，对压裂设计、评价压裂效果具有十分积极的意义。

(3) 煤层中的压裂裂缝能否穿过煤岩交界面，主要与储层间的弹性模量差有关，即储层间的弹性模量差较小时，煤层中的压裂裂缝能够穿越煤岩交界面进入围岩岩层。但是突出煤层顶板中的压裂裂缝能否穿越煤岩交界面进入煤层，是否仅与储层间的弹性模量差有关，尚未开展有针对性的研究。因此，分析不同压裂储层中缝内净压力的大小关系，研究压裂裂缝穿过煤岩交界面的影响因素，有益于完善分段压裂理论。

(4) 开展突出煤层顶板分段压裂作业时，压裂效果受到压裂层位、压裂液排量、地应力等因素的影响，导致压裂裂缝的起裂、扩展路径及形态特征存在差异。因此，开展不同压裂钻孔层位、不同应力条件、不同压裂液排量、不同压裂次数、不同试件尺寸等条件下的水力压裂试验，分析压裂裂缝与地应力、天然裂缝、压裂次数、压裂液排量、压裂层位等因素之间的相互作用，对于现场施工参数的选择具有借鉴意义。

（5）由于突出煤层顶板分段压裂裂缝形态复杂，难以在煤矿井下实现直接观测，使得现场施工设计、施工参数的选择存在盲目性。因此，开展突出煤层顶板压裂裂缝扩展的数值模拟研究，可为现场压裂施工参数的选择提供数据支撑。

1.3　研究内容及技术路线

1.3.1　研究内容

通过总结上述国内外研究现状发现，国内外专家学者对水力压裂、水平井分段压裂做了许多卓有成效的研究工作，但也发现“分段压裂在突出煤层顶板中如何增透”这一课题依然存在问题，有待进一步深入研究。鉴于此，本书以河南能源化工集团焦煤公司中马村矿二$_1$煤层顶板压裂井为研究对象，通过实验室测试、理论分析、数值模拟等手段，开展了以下内容的研究：

（1）突出煤层顶底板煤岩样物性特征。测试煤层气含量、煤体中矿物组分、煤体结构特征、煤层顶底板岩性及其物性参数等，分析中马村矿二$_1$煤层及其顶底板裂缝发育特征，以评价突出煤层顶板的可压性，为室内试验、数值模拟研究提供数据支撑。

（2）煤储层裂缝网络结构形成机制物理模拟试验。运用大尺寸真三轴水力压裂试验系统，开展煤岩真三轴水力压裂模拟试验、突出煤层顶板压裂钻孔层位模拟试验，分析不同试验条件下压裂裂缝起裂方位、扩展规律及裂缝形态。以压裂试验结果为依据，探讨煤储层裂缝网络结构形成机制，以完善突出煤层顶板分段压裂理论，为突出煤层顶板分段压裂层位及其与煤层间距的优选提供数据支撑。

（3）突出煤层顶板压裂裂缝扩展数值模拟。分析不同最小水平主应力、不同应力比、不同压裂岩层、不同岩层间弹性模量对压裂裂缝扩展、裂缝形态的影响特征，揭示压裂目标层及围层间压裂裂缝的起裂及扩展规律，为现场分段压裂层位的选取提供参照。

（4）突出煤层顶板分段压裂增透机理研究。阐述突出煤层顶板分段压裂的概念及意义，揭示突出煤层顶板分段压裂时裂缝间的诱导应力特征及形成裂缝网络结构的力学条件，研究顺序压裂、交替压裂模式下的最优段间距，分析天然裂缝、煤岩物性参数、煤岩交界面对突出煤层顶板分段压裂裂缝扩展路径的影响，为完善突出煤层分段压裂理论、现场施工参数优化提供理论依据。

（5）突出煤层顶板分段压裂现场工程案例分析。阐明突出煤层顶板分段压裂流程、工艺，分析突出煤层顶板分段压裂在突出煤层抽采瓦斯的可行性；通过分析突出煤层顶板分段压裂现场工程案例，评价突出煤层顶板分段压裂的效果及特点。

1.3.2 研究方法

本书运用实验室测试、理论分析、水力压裂模拟试验、数值模拟分析等手段，分析突出煤层顶板分段压裂形成裂缝网络结构的影响特征，揭示突出煤层顶板分段压裂增透机理。

（1）从中马村矿采集原煤煤样、顶底板岩样，制作测试标准煤岩样，测试煤层气含量、煤层显微组分、煤体矿物成分、煤体结构特征、顶底板岩样物性参数、煤体及顶底板的裂隙发育特征，研究煤岩物性特征对突出煤层顶板分段压裂的影响，评价突出煤层顶板的可压性。

（2）运用大尺寸真三轴水力压裂试验装置，以相似材料包裹原煤成型的试验试件为压裂对象，开展不同围压、变压裂液排量、变压裂次数条件下的水力压裂模拟试验，研究原煤和相似材料中压裂裂缝扩展路径、应力对压裂裂缝的影响特征；以型煤上方预置相似材料的试验试件为压裂对象，开展定围压、不同压裂钻孔层位作用下的水力压裂模拟试验，分析不同压裂钻孔层位条件下的压裂裂缝形态特征及压裂裂缝沟通型煤的范围。以室内试验结果为基础，探讨煤储层裂缝网络结构形成机制。

（3）结合现场地应力、顶底板岩性特征条件，利用 RFPA^{2D}-Flow 软件，分析不同应力比、不同最小水平主应力、不同岩层间弹性模量、不同压裂岩层作用下的压裂裂缝扩展规律、压裂裂缝形态影响特征。

（4）采用岩体力学、弹性力学、断裂力学等理论，分析突出煤层顶板分段压裂裂缝间的诱导应力分布特征及形成裂缝网络结构的力学条件，揭示顺序压裂、交替压裂模式下的最优段间距；分析天然裂缝、煤岩物性参数、煤岩交界面对突出煤层顶板压裂裂缝扩展路径的影响特征，研究突出煤层顶板中压裂裂缝沟通煤层的力学条件。

（5）通过描述突出煤层顶板分段压裂现场施工流程、设计方案，阐明突出煤层顶板分段压裂技术在突出煤层中抽采瓦斯的可行性；通过分析突出煤层顶板分段压裂现场工程案例的压裂效果、排采效果，评价突出煤层顶板分段压裂的效果及特点。

1.3.3 技术路线

根据上述研究内容和方法制定研究技术路线，如图 1-7 所示。

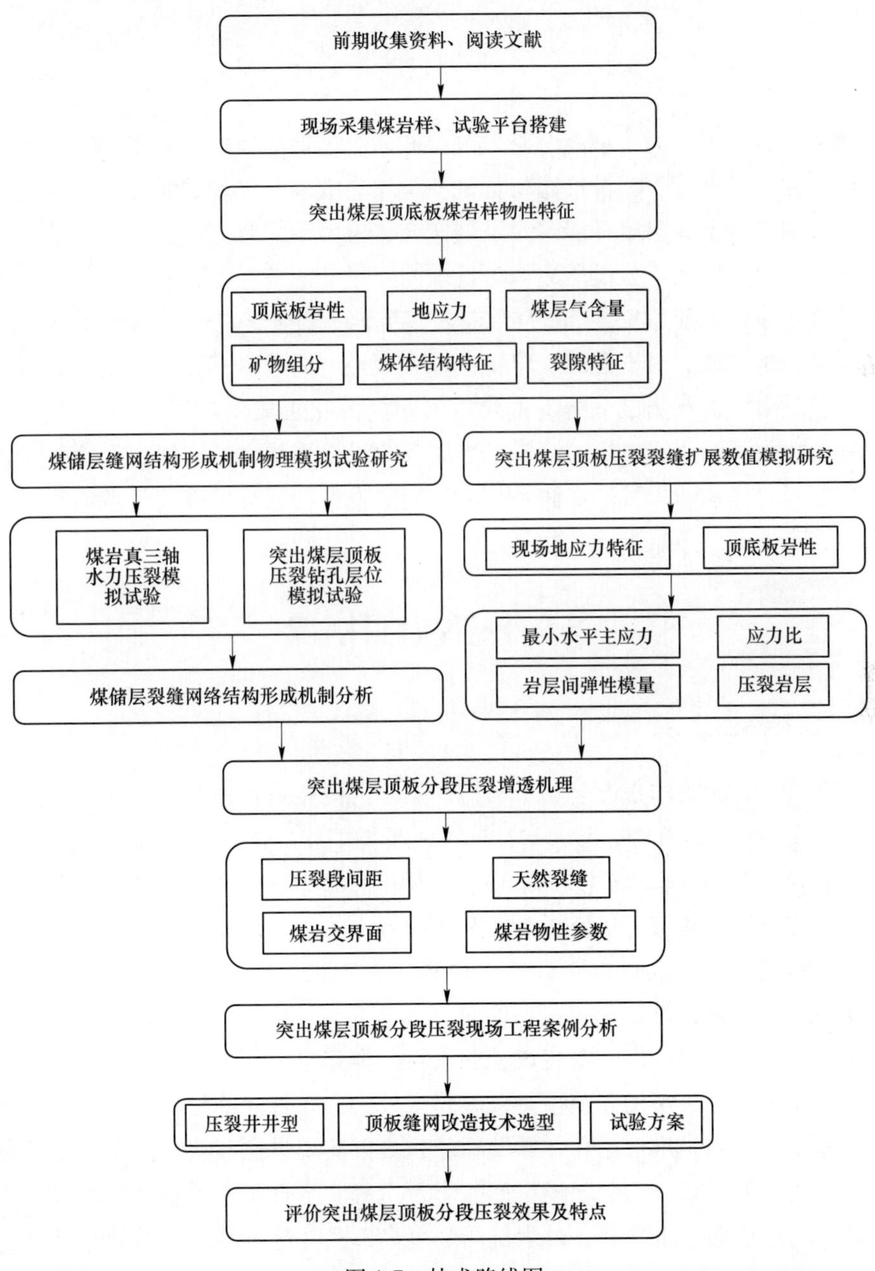

图 1-7 技术路线图

2 突出煤层顶底板煤岩样物性特征

分段压裂技术作为一项能够有效改善低渗、超低渗储层渗透率的卸压增透措施，产生的压裂裂缝扩展及形态特征是衡量压裂效果好坏的关键参数，其力学过程复杂。国内外学者对此开展了一系列研究，但由于煤岩力学性质、地质构造复杂，导致突出煤层顶板分段压裂增透机理尚未十分清晰。尤其在突出煤层顶板中开展分段压裂时，压裂裂缝起裂、扩展及形态特征与煤岩体结构、煤岩矿物组分、煤岩力学性质、煤岩裂隙发育特征等客观地层因素紧密相关，因此，有必要对上述基础参数进行测试分析。本章以河南能源化工集团焦煤公司中马村矿二$_1$煤层顶板压裂井为研究对象，测定了煤层气含量、煤体内矿物组分、煤体结构特征、顶底板岩样物性参数、煤体及顶底板裂隙发育特征等，以期为数值模拟分析提供数据支撑。

2.1 工程背景概况

2.1.1 压裂井位置

河南能源化工集团焦煤公司中马村矿位于河南省焦作市东北部 8km，其地理位置如图 2-1 所示。其中，39061 工作面为接替工作面，经瓦斯等级鉴定为突出煤层，瓦斯含量为 $12.56\sim16.92\mathrm{cm^3/g}$，亟需采取相应措施以降低其瓦斯含量，达到瓦斯突出防治和煤层气资源开发利用的双重目标。以孔代巷技术作为瓦斯区域治理的新技术，不仅可以降低施工成本、施工工程量，而且能够有效节约时间，缓解现场采掘接替紧张的不利局面。

突出煤层多为碎粒煤、糜棱煤，如果在此类煤层中施工水平压裂钻孔，由于煤体的抗压强度低、结构完整性差、破碎区较大，导致井壁位移量大，不易保持钻孔的稳定性，容易出现塌孔、井壁扩径，难以实现强化改造。为积极探索突出煤层区域消突新途径，结合现场生产需求，选择在 39061 工作面沿距煤层 1~5m 的顶板砂岩层中施工水平井，砂岩抗压强度高，且井壁不易产生破碎、井壁位移量小、钻孔稳定性好、扩径倍率小。相比于不易成孔的软煤，在顶板砂岩层中钻进、压裂，更有利于煤层气的抽采。

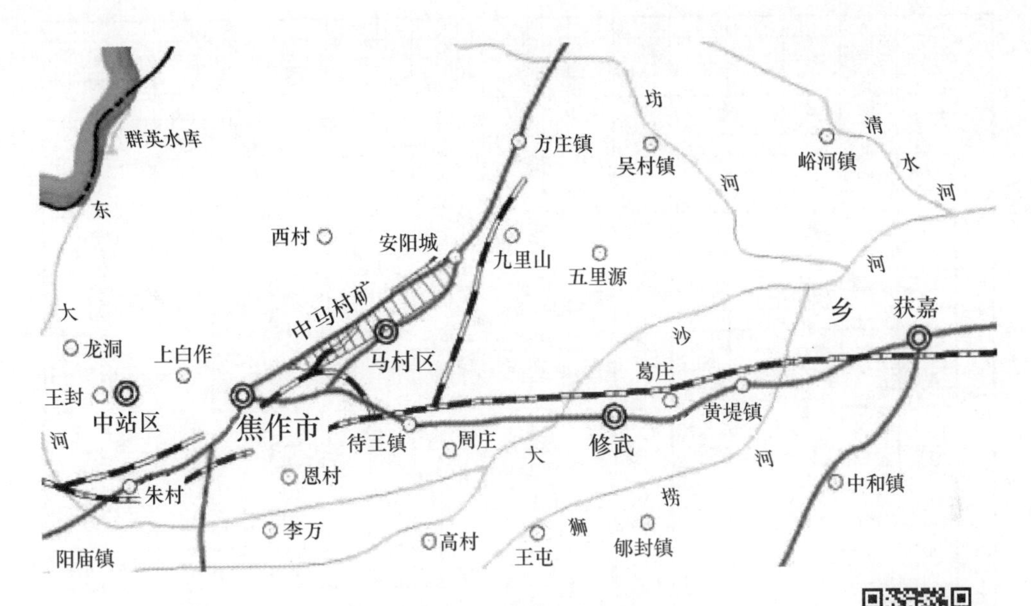

图 2-1 中马村矿交通位置

图 2-1 彩图

压裂钻孔与西北方向已开采的 39041 工作面的最短距离约 90m。该区构造简单，断层和褶曲不发育，煤层展布较平缓，煤层埋深 480m 左右，满足水平井增斜段曲率要求及水力压裂施工安全要求，通过水平压裂井间接抽采煤层瓦斯，可实现区域消突、压裂钻孔代替顶底板岩巷的目的。但由于突出煤层顶板分段压裂裂缝的起裂、扩展及形态特征与煤岩裂隙发育特征、煤岩力学性质、煤岩矿物组分、煤岩体结构等客观地层因素紧密相关，所以有必要对上述基础参数进行测试分析。

2.1.2 突出煤层顶底板岩性特征

39061 工作面煤层段测井曲线（图 2-2）表明，在垂向上煤体结构和煤层厚度均有所变化，煤层顶板岩性为砂质泥岩，煤体结构从顶底板为软煤到中部全部为硬煤，该测井曲线能够反映出不同埋深的突出煤层顶底板岩性、煤储层的煤体结构特征。此外，通过分析已开采的 39041 工作面岩性及煤田勘探钻孔资料发现，煤层顶板还存在粉砂岩，但很少有泥岩、炭质泥岩。

图 2-3 为不同埋深时采集的岩样，由图可知，埋深 470~497m 范围内的岩性由浅入深依次为中砂岩、粉砂岩、砂质泥岩、碎粒煤、碎裂煤、原生结构煤、糜棱煤、碎粒煤、砂质泥岩、泥岩。上述岩性特征分析可为数值模拟参数的选取提供参照。

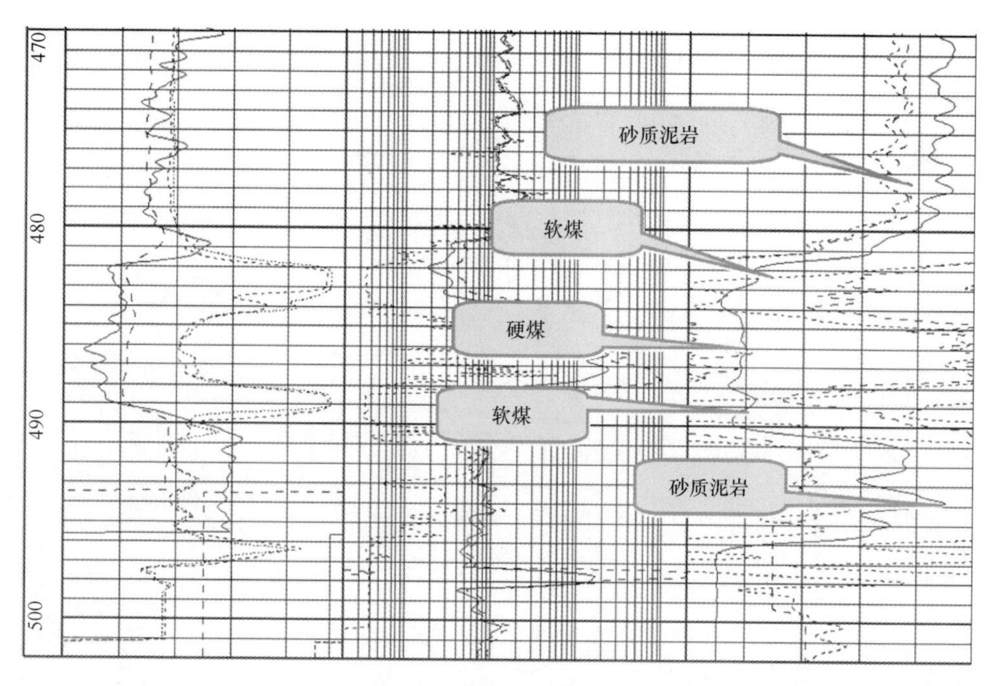

图 2-2　煤层段测井曲线

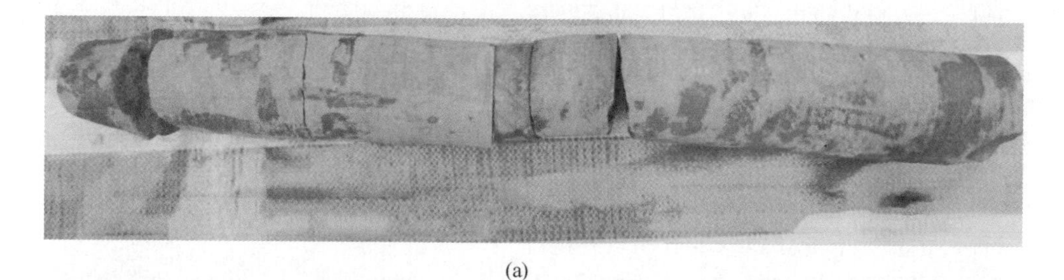

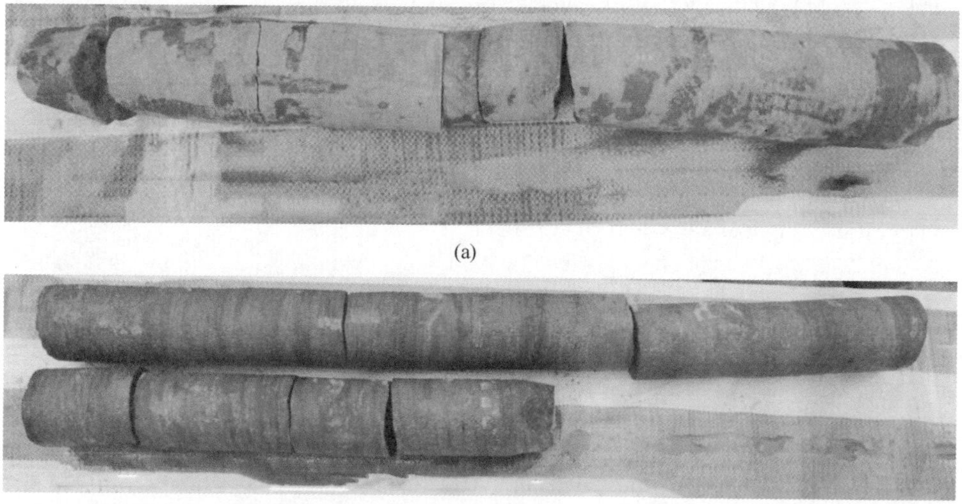

(a)

(b)

(c)

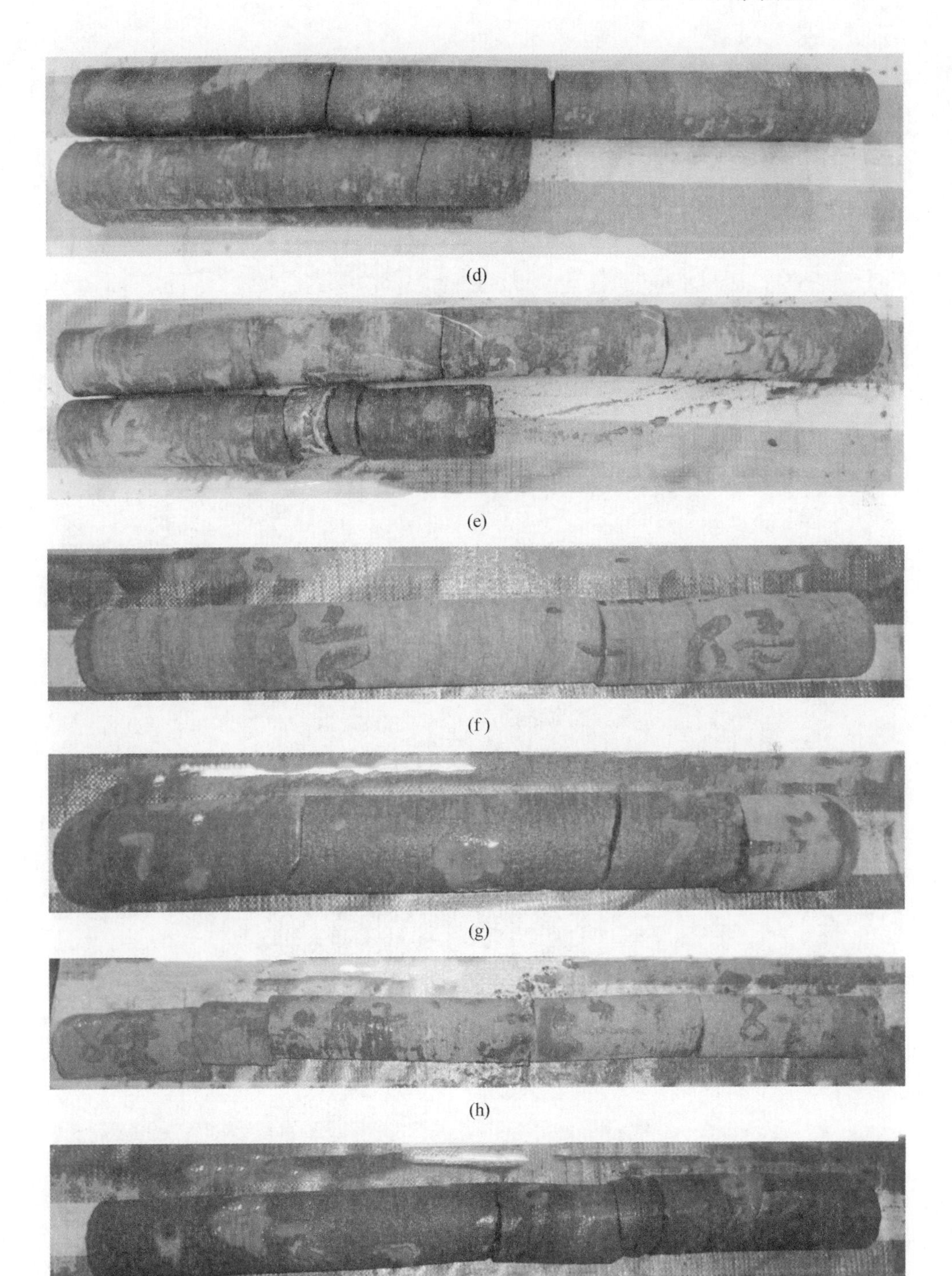

(d)

(e)

(f)

(g)

(h)

(i)

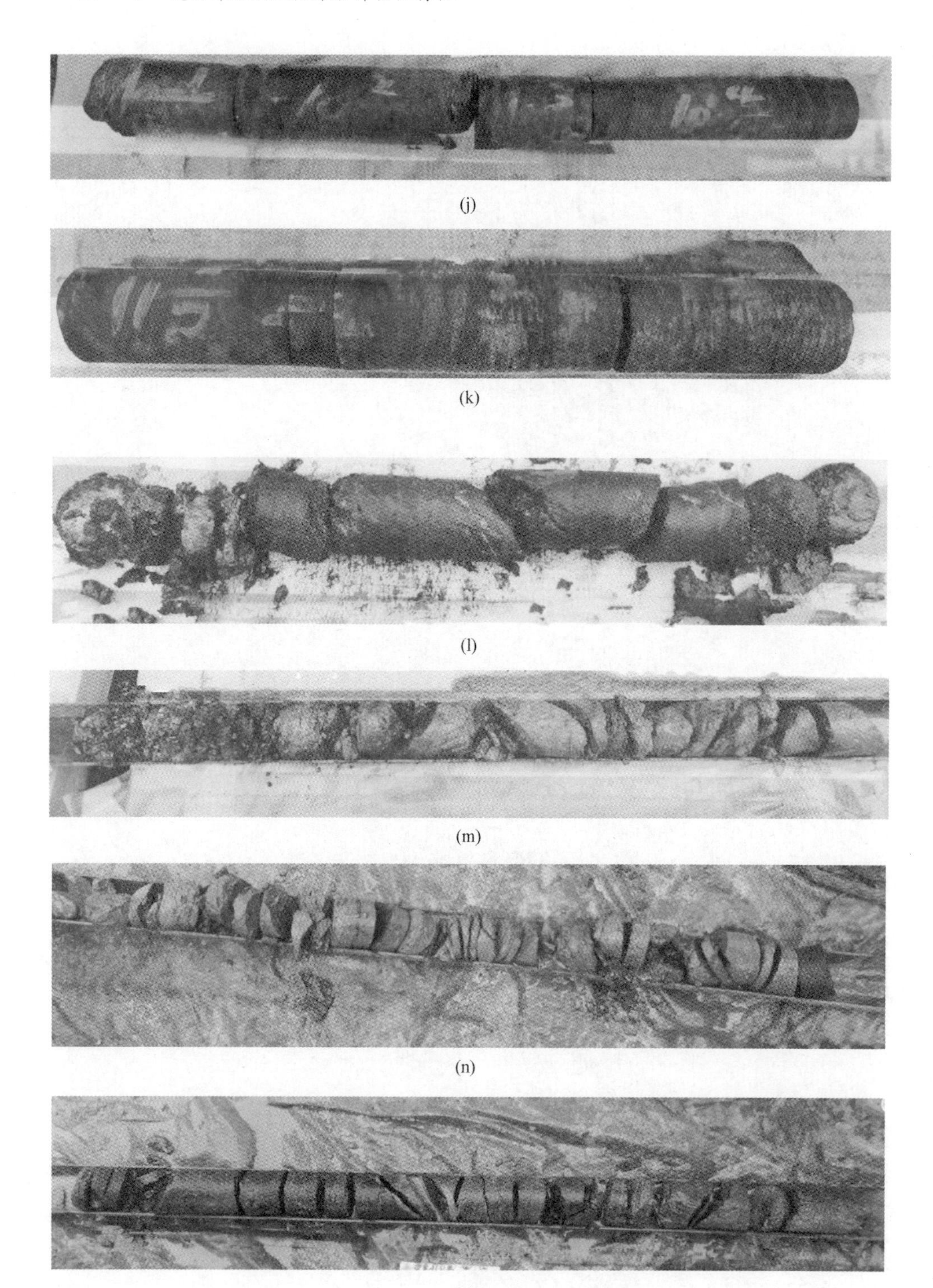

(j)

(k)

(l)

(m)

(n)

(o)

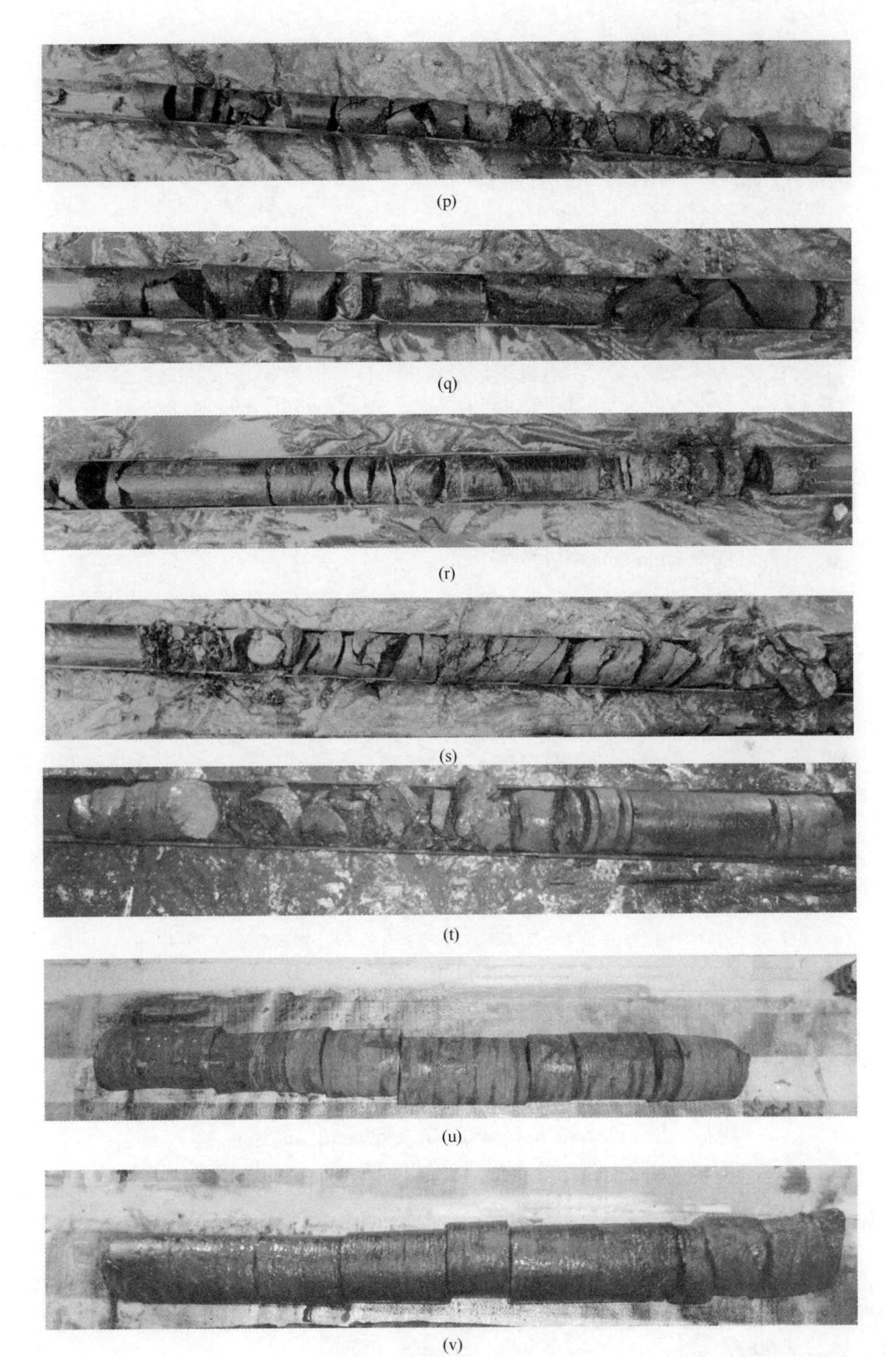

(p)

(q)

(r)

(s)

(t)

(u)

(v)

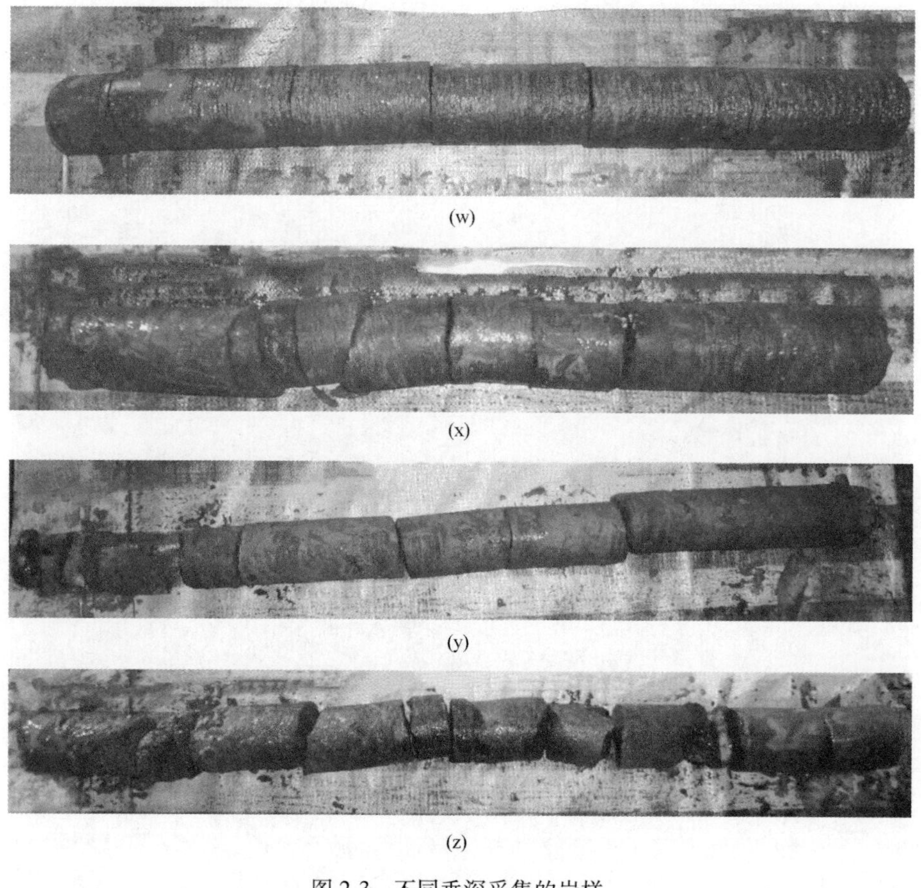

(w)

(x)

(y)

(z)

图 2-3 不同垂深采集的岩样

(a) 垂深 470.00~470.55m 的岩样；(b) 垂深 470.55~471.75m 的岩样；(c) 垂深 471.75~473.05m 的岩样；
(d) 垂深 473.05~474.25m 的岩样；(e) 垂深 474.25~475.45m 的岩样；(f) 垂深 475.45~476.65m 的岩样；
(g) 垂深 476.65~477.75m 的岩样；(h) 垂深 477.75~478.75m 的岩样；(i) 垂深 478.75~479.95m 的岩样；
(j) 垂深 479.95~480.80m 的岩样；(k) 垂深 480.80~481.30m 的岩样；(l) 垂深 481.30~482.30m 的岩样；
(m) 垂深 482.30~483.30m 的岩样；(n) 垂深 483.30~484.30m 的岩样；(o) 垂深 484.30~485.30m 的岩样；
(p) 垂深 485.30~486.30m 的岩样；(q) 垂深 486.30~487.30m 的岩样；(r) 垂深 487.30~488.30m 的岩样；
(s) 垂深 488.30~489.30m 的岩样；(t) 垂深 489.30~490.20m 的岩样；(u) 垂深 490.20~491.40m 的岩样；
(v) 垂深 491.40~492.60m 的岩样；(w) 垂深 492.60~493.80m 的岩样；(x) 垂深 493.80~495.00m 的岩样；
(y) 垂深 495.00~496.00m 的岩样；(z) 垂深 496.00~497.00m 的岩样

2.1.3 突出煤层顶底板地应力特征

地应力作为煤矿井下实施水力压裂的重要依据，准确的地应力值对于水力压裂设计、预测压裂裂缝形态等具有至关重要的作用。为此，利用测井手段对地应力进行了测试，地应力测井曲线如图 2-4 所示。

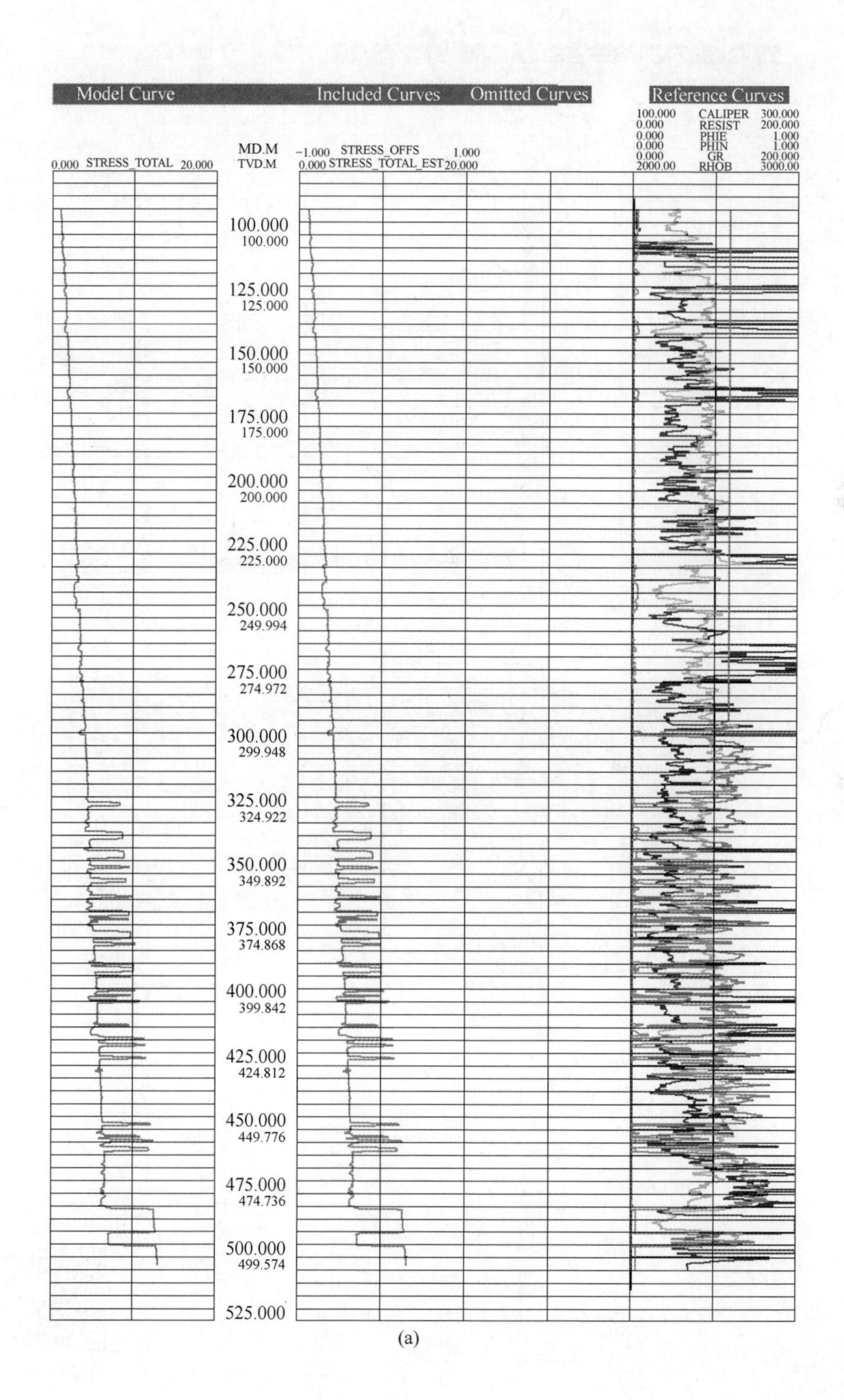
Model Curve
Included Curves
Omitted Curves
Reference Curves
100.000 CALIPER 300.000
0.000 RESIST 200.000
0.000 PHIE 1.000
0.000 PHIN 1.000
0.000 GR 200.000
2000.00 RHOB 3000.00
MD.M
TVD.M
-1.000 STRESS_OFFS 1.000
0.000 STRESS_TOTAL_EST 20.000
0.000 STRESS_TOTAL 20.000
100.000
100.000
125.000
125.000
150.000
150.000
175.000
175.000
200.000
200.000
225.000
225.000
250.000
249.994
275.000
274.972
300.000
299.948
325.000
324.922
350.000
349.892
375.000
374.868
400.000
399.842
425.000
424.812
450.000
449.776
475.000
474.736
500.000
499.574
525.000
(a)

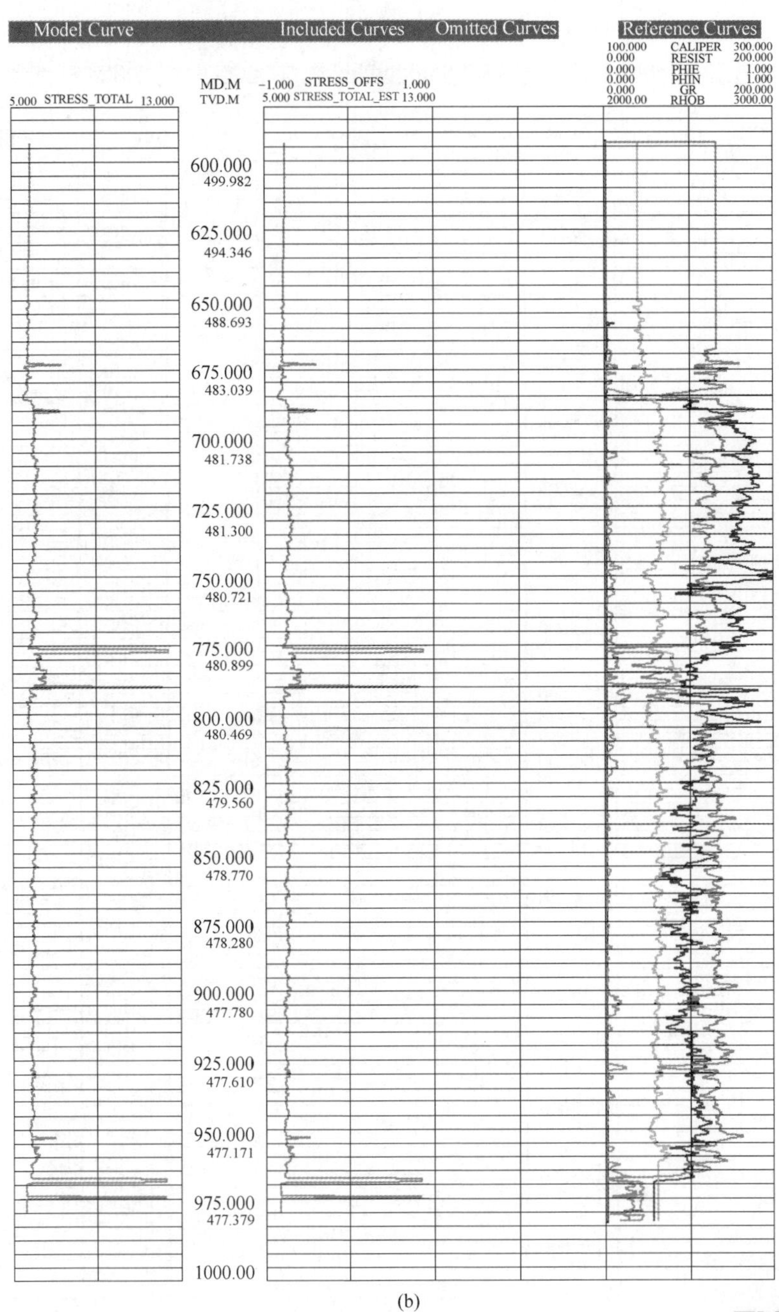

(b)

图 2-4 地应力测井曲线

（a）U1V 井地应力测井曲线；（b）U1H 井地应力测井曲线

图 2-4 彩图

根据水平段测井曲线，分析水平井地应力分布可知，垂深、岩性等基本相同，水平段地应力值变化不大，处在同一数量级，但底部煤层的应力值要高于水平段砂泥岩段的应力值，如图 2-5 所示。

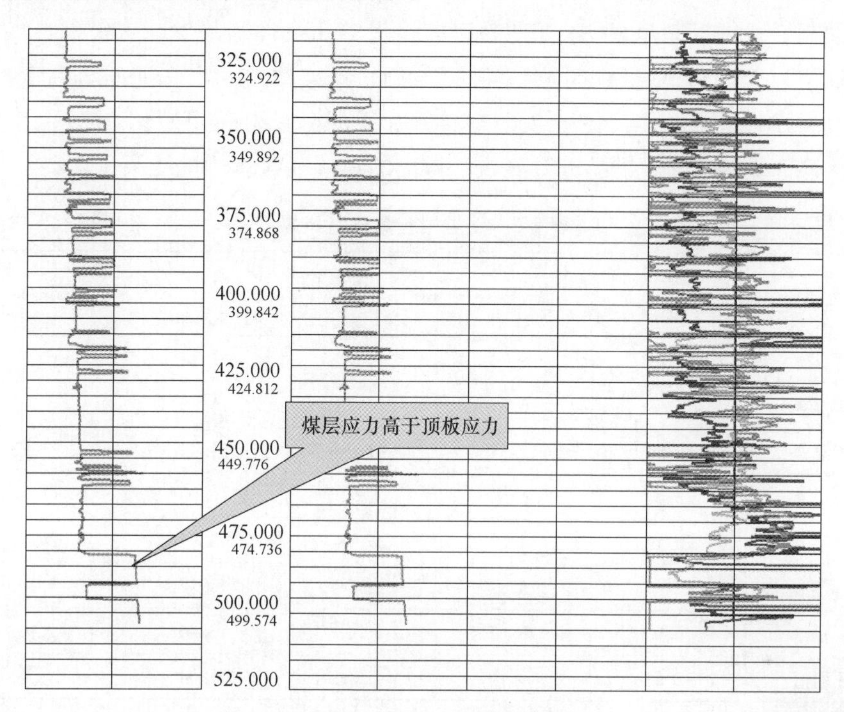

图 2-5 煤层与顶板地应力对比

图 2-5 彩图

此外，采用中国地质科学院地质力学研究所研制的 KX-81 型空心包体三轴地应力计对现场地应力进行了实测，地应力实测结果见表 2-1。

表 2-1 地应力实测值

测试地点	测点埋深 h/m	最大水平主应力 σ_H/MPa	垂向应力 σ_v/MPa	最小水平主应力 σ_h/MPa
17 炸药库	294	10. 58	6. 64	9. 55
211 沉淀池	355	11. 31	7. 61	10. 41

根据地应力实测值可知，最大水平主应力梯度为 1. 19MPa/100m，最小水平主应力梯度为 1. 41MPa/100m。此外，最大水平主应力近于水平，方位在 128. 2°~130. 4°，方向为东偏南；垂向应力近于水平，方位角为 41. 4°~42. 93°，方向为北偏东；最小水平主应力接近铅直。地应力实测值表明垂向主应力最小，说明水力压裂易于形成水平缝。

2.2 煤层气含量试验结果分析

顶板岩巷掘进结果表明：二$_1$ 煤层的顶板中瓦斯含量甚少，主要来自煤层本身。煤层气含量与煤层厚度、围岩封闭作用、断裂构造、水文地质等因素相关。在中马村矿二$_1$ 煤层共采集了 7 个自然解吸样品，吸附时间变化 0.79~18.67d，平均为 9.38d。通过对样品进行测试，得出的煤层气含量测试结果见表 2-2。

表 2-2 煤层气含量试验结果

样品编号	总气含量/$cm^3 \cdot g^{-1}$		甲烷含量/$cm^3 \cdot g^{-1}$		吸附时间/d
	空气干燥基	干燥无灰基	空气干燥基	干燥无灰基	
样品 1	14.29	18.36	8.65	11.12	0.79
样品 2	14.57	16.82	14.14	16.32	6.39
样品 3	13.53	15.31	12.74	14.42	17.57
样品 4	13.77	16.52	13.33	16.00	14.86
样品 5	13.18	14.59	12.34	13.67	18.67
样品 6	12.56	15.91	12.09	15.32	4.36
样品 7	16.92	18.82	16.59	18.46	2.99
平均值	12.51	13.10	12.84	15.04	9.38

表 2-2 中，测试样品的空气干燥基气含量为 12.56~16.92cm^3/g，平均含量为 12.51cm^3/g；干燥无灰基气含量为 14.59~18.82cm^3/g，平均含量为 13.10cm^3/g。空气干燥基甲烷含量为 8.65~16.59cm^3/g，平均含量为 12.84cm^3/g；干燥无灰基甲烷含量为 11.12~18.46cm^3/g，平均含量为 15.04cm^3/g。测试结果表明：二$_1$ 煤层为高瓦斯煤层。

此外，本节根据《天然气的组成分析 气相色谱法》（GB/T 13610—2003），测试了 7 个煤芯样品的气成分，煤层气成分分析结果见表 2-3。测试样品的甲烷浓度为 60.57%~98.05%，平均 90.95%；氮气浓度为 1.51%~39.28%，平均 8.73%；二氧化碳浓度为 0.15%~0.36%，平均 0.30%。

表 2-3 气成分分析结果

样品编号	CH_4 浓度/%	N_2 浓度/%	CO_2 浓度/%	总浓度/%
样品 1	60.57	39.28	0.15	100.00
样品 2	97.03	2.65	0.32	100.00
样品 3	94.17	5.53	0.30	100.00

续表 2-3

样品编号	CH_4 浓度/%	N_2 浓度/%	CO_2 浓度/%	总浓度/%
样品 4	96.85	2.80	0.34	100.00
样品 5	93.68	5.95	0.36	100.00
样品 6	96.30	3.41	0.29	100.00
样品 7	98.05	1.51	0.32	100.00
平均值	90.95	8.73	0.30	100.00

2.3 等温吸附试验结果分析

煤的等温吸附试验结果能够反映出模拟储层温度、平衡水分作用下煤对甲烷的最大吸附能力，因此，本节根据《煤的高压等温吸附试验方法》（GB/T 19560—2008），以二$_1$ 煤层采集的自然解吸样品为试验对象，开展了等温吸附试验，试验结果见表 2-4。

表 2-4 等温吸附试验结果

样品编号		样品 1	样品 2	样品 3	样品 4	样品 5	样品 6
埋深/m		484.00~484.30	485.00~485.30	485.90~486.30	486.95~487.30	487.30~487.60	488.95~489.30
水分 M_{ad} 含量/%		1.34	1.42	1.32	1.39	1.56	1.61
灰分 A_d 含量/%		12.19	10.34	15.58	8.41	19.79	8.66
挥发分 V_{daf} 含量/%		7.25	6.63	6.91	6.52	8.75	5.76
平衡水分含量/%		10.91	9.69	8.64	8.73	8.18	10.87
兰氏体积 V_L /$cm^3 \cdot g^{-1}$	平衡水分基	34.31	36.87	34.15	37.67	33.33	37.40
	空气干燥基	38.59	40.90	37.47	41.33	36.44	42.03
	干燥无灰基	44.46	46.19	44.86	45.70	45.98	46.69
兰氏压力 p_L/MPa	平衡水分基	1.97	2.30	2.09	2.19	2.26	2.22
	空气干燥基	1.97	2.30	2.09	2.19	2.26	2.22
	干燥无灰基	1.97	2.30	2.09	2.19	2.26	2.22

表 2-4 中，测试的自然解吸样品的平衡水分为 8.18%~10.91%，平均为 9.50%；平衡水分基兰氏体积为 33.33~37.67cm^3/g，平均为 35.62cm^3/g；空气干燥基兰氏体积为 36.44~42.03cm^3/g，平均为 39.46cm^3/g；干燥无灰基兰氏体积为 44.46~46.69cm^3/g，平均为 45.65cm^3/g；兰氏压力为 1.97~2.30MPa，平均为 2.17MPa。

2.4　煤体结构特征

由图 2-4 可知，随着埋深的增加，煤体结构依次为糜棱结构、碎裂结构、碎裂结构、碎裂结构、原生结构、原生结构、碎粒结构。其煤体结构特征的具体描述见表 2-5。

表 2-5　煤体结构特征

样品编号	埋深/m	煤岩类型	煤体结构	煤层宏观煤岩特征
样品 1	482.00~482.30	半暗煤	糜棱结构	（1）煤芯主要呈小块状、碎粒状，少量鳞片状。 （2）从少量小块煤中可见，煤体为钢灰色，似金属光泽。煤体疏松，大部分手捻成粉末状，煤中发育大量构造滑面，初步判定为碎粒结构、糜棱结构。煤中局部夹碳酸盐矿物薄层
样品 2	484.00~484.30	半暗煤	碎裂结构	（1）煤芯主要呈饼状、碎粒状，少量鳞片状。 （2）钢灰色，似金属光泽，总体光泽较弱。煤岩成分以暗煤为主，夹少量线理状镜煤及细、中条带状镜煤，局部可见镜煤宽条带。煤体较坚硬，部分煤体较疏松，手捻成粒状。初步判定为碎裂结构煤。 （3）裂隙无法统计，局部可见裂隙中充填碳酸盐
样品 3	485.00~485.30	半暗煤	碎裂结构	（1）煤芯主要呈短柱状，部分柱体不完整，煤芯直径为 65mm。 （2）钢灰色，似金属光泽，总体光泽较弱。煤岩成分以暗煤为主，夹少量线理状镜煤及细、中条带状镜煤，局部可见镜煤宽条带。参差状断口、棱角状断口，稀疏线理状结构、条带状结构，层状构造。煤体较坚硬，煤中发育构造滑面。 （3）裂隙无法统计，局部可见裂隙中充填碳酸盐
样品 4	485.90~486.30	半暗煤	碎裂结构	（1）煤芯主要呈柱状、短柱状和块状。 （2）钢灰色，似金属光泽，总体光泽较弱。煤岩成分以暗煤为主，夹线理状亮煤、细条带状亮煤，局部可见线理状镜煤、细条带状镜煤。棱角状断口，稀疏线理状结构、条带状结构，层状构造。煤体较坚硬，煤中发育大量构造滑面。 （3）裂隙不发育
样品 5	486.95~487.30	半亮煤	原生结构	（1）煤芯主要呈柱状、短柱状，部分柱体不完整。 （2）钢灰色，似金属光泽，总体光泽较强。煤岩成分以亮煤为主，暗煤次之，局部可见细、中、宽条带状镜煤。参差状断口为主，贝壳状断口次之，条带状结构，层状构造。煤体坚硬。 （3）镜煤中发育两组裂隙，主裂隙与次裂隙近直角相交，裂隙走向大体一致，近垂直层理。主裂隙密度：7 条/4.5cm。次裂隙密度：5 条/4cm。主裂隙与次裂隙长度和高度均不清。裂隙中充填少量碳酸盐

续表 2-5

样品编号	埋深/m	煤岩类型	煤体结构	煤层宏观煤岩特征
样品 6	487.30~487.60	半亮煤	原生结构	(1) 煤芯主要呈柱状、短柱状，部分柱体不完整。(2) 钢灰色，似金属光泽，总体光泽较强。煤岩成分以镜煤和亮煤为主，呈线理状及细、中条带状，暗煤次之。棱角状断口，线理状结构、条带状结构，层状构造。煤体坚硬。(3) 煤中发育两组裂隙，主裂隙与次裂隙近直角相交，裂隙走向大体一致，近垂直层理。主裂隙密度：6 条/4cm。次裂隙密度：5 条/4cm。主裂隙与次裂隙长度和高度均不清。裂隙中充填大量碳酸盐类矿物
样品 7	488.95~489.30	半亮煤	碎粒结构	(1) 煤芯主要呈饼状、块状，少量碎粒状。(2) 煤中发育一组构造裂隙，密度：5 条/4cm。裂隙与层面近 40°交角。(3) 煤中发育大量构造滑面。煤体疏松，手捻成粒状，初步判定为碎粒结构煤

2.5 煤层显微组分试验结果分析

二$_1$煤层的煤呈黑色至灰黑色，以条带状结构为主，鳞片状结构次之，上下部为局部粉粒状，似金属光泽，贝壳状、参差状断口。煤层显微组分、镜质体反射率测试结果见表 2-6。

表 2-6 煤层显微组分和镜质体反射率 (%)

样品序号	去矿物基			含矿物基					R_{max}
	镜质组	惰质组	壳质组	显微组分含量	黏土类	硫化物类	碳酸盐类	其他矿物	
样品 1	66.6	33.4	—	86.7	12.9	—	0.4	—	4.15
样品 2	62.8	37.2	—	92.9	3.8	—	3.3	—	4.40
样品 3	66.5	33.5	—	95.3	3.0	—	1.8	—	4.37
样品 4	81.0	19.0	—	90.1	9.5	—	0.4	—	4.37
样品 5	65.3	34.7	—	95.1	3.3	—	1.6	—	4.38
样品 6	74.0	26.0	—	87.7	8.7	—	3.6	—	4.39
样品 7	88.7	11.3	—	97.7	1.7	—	0.6	—	4.36

表 2-6 中，有机显微组分主要为镜质组，其含量为 62.8%~88.7%，平均

72.1%；其次为惰质组，含量11.3%~37.2%，平均27.9%；未见壳质组分。二$_1$煤层7个样品的最大镜质体反射率为4.15%~4.40%，平均4.35%。依据《镜质体反射率的煤化程度分级》煤炭行业标准可知，中马村矿二$_1$煤层煤变质阶段为高煤级煤Ⅱ。

通常煤体中的矿物组分主要包括黏土矿物、碳酸盐岩矿物、硫化物和氧化硅等，其中以黏土矿物、碳酸盐岩矿物为主，黏土矿物含量占矿物含量一半以上，最高可达98%，碳酸盐岩矿物、硫化物、氧化硅次之。过高的黏土矿物含量会导致煤层和压裂液受到伤害。碳酸盐岩矿物以方解石、菱铁矿、白云石为主，硫化矿物最常见的是黄铁矿，而氧化硅则以石英为主要成分充填于煤岩中的裂隙。通过测试煤岩中的矿物发现，二$_1$煤层中煤的矿物含量为2.3%~13.3%，平均为7.8%。其中黏土矿物含量为1.7%~12.9%，平均为6.1%；碳酸盐类矿物含量为0.4%~3.6%，平均为1.7%。

通过对采集的煤岩样进行电镜扫描发现，煤岩中的微观形态差别较大，具有明显的非均质性。煤岩中的裂隙开度及长度不尽相同，平行于割理方向的煤岩，其微观结构较简单；垂直于割理方向的煤岩，其微观结构复杂、非均质性强、矿物分布各异。

2.6　顶底板物性特征分析

2.6.1　顶底板岩样物性参数分析

突出煤层的煤体结构一般为碎粒煤、糜棱煤，可通过在煤层顶底板中开展水力压裂进行储层改造，为煤层中瓦斯运移提供高速运移通道。为此，本节测试了顶底板岩样的力学参数及其渗透率。

2.6.1.1　顶底板岩样的力学参数

图2-6为二$_1$煤层顶底板岩样，通过观察可知：（1）直接顶岩性包括细粒砂岩、粉砂岩、砂质泥岩、泥岩，老顶大都为中-细粒石英长石砂岩，粉砂岩、泥岩呈深灰或是灰色，与煤层的接触明显，局部伪顶的岩性为炭质泥岩；（2）底板岩性包括粉砂岩、泥岩等，为波状层理、透镜状层理、水平纹理，具有遇水易膨胀的特点。顶底板岩样的其他特性见表2-7。

非常规油气藏的开发过程中已经认识到，通过在压裂地层中形成裂缝网络结构，实现最大油藏改造体积，对于提高油气产量十分有利。能否形成裂缝网络结构不仅与压裂工艺有关，还与压裂储层自身的物理性质有关。煤层顶底板的力学特性不同于常规的页岩、砂岩，具有其独特的力学特性，在进行储层改造时，顶

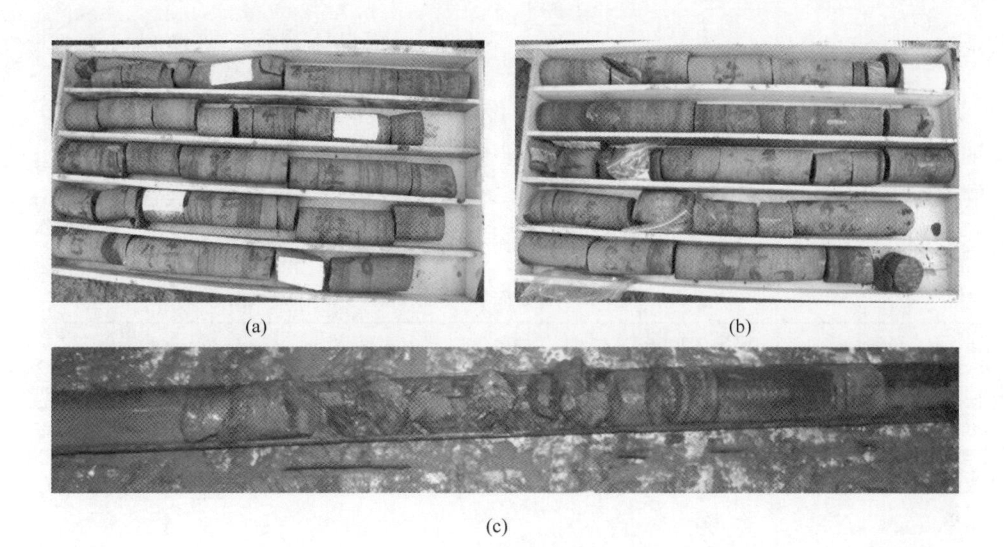

(a)　　(b)

(c)

图 2-6　顶底板岩样

（a）470.00~474.25m 顶板细砂岩；（b）474.25~479.95m 顶板中砂岩；（c）489.30~490.20m 底板泥岩

表 2-7　顶底板岩性特征

分层	井段/m	视厚度/m	岩　性	含水性	渗透性
煤层顶板	475.50~481.80	6.30	泥岩、砂质泥岩、砂岩	弱	差
煤层	481.80~489.40	7.60	煤	弱	差
煤层底板	489.40~495.80	6.40	泥岩、粉砂岩	弱	差

底板的力学特性对其破坏规律、压裂裂缝的起裂及扩展延伸具有十分重要的影响。为此，本节通过静态实验，测试了突出煤层顶底板的力学参数即抗拉强度、抗压强度、弹性模量、泊松比，测试结果见表 2-8，以期为数值模拟、压裂井设计参数优化提供数据支撑。

表 2-8　顶底板岩样力学参数

取样深度/m	岩性	干燥抗压强度/MPa		饱和抗压强度/MPa		软化系数	天然抗拉强度/MPa		变形特性		
									弹性模量/GPa		泊松比
		试验值	平均值	试验值	平均值		试验值	平均值	试验值	平均值	
480.24~480.63	顶板泥岩	27.35	26.80	18.25	17.52	0.65	1.75	1.70	2.69	2.68	0.29
		25.67		17.63			1.69		2.58		
		26.38		16.68			1.65		2.77		
490.32~493.03	底板泥岩	23.72	25.30	6.52	6.69	0.26	1.65	1.68	2.09	2.09	0.30
		25.24		6.38			1.68		2.13		
		26.94		7.18			1.71		2.06		

2.6.1.2 顶底板岩样的渗透率

高效的煤层气开发，需要煤储层中具有大面积、高透气性的瓦斯运移通道才可实现。一般随着煤层埋深的增加，渗透率呈现出指数下降的趋势。因此，目标压裂储层的渗透率对于煤层气的运移具有十分重要的影响，也是评价煤层气可开发性的关键指标。基于此，本节测试了突出煤层顶底板岩样的渗透率，测试结果见表 2-9。

表 2-9 顶底板岩样渗透率

取样位置	取样深度/m	岩性	孔隙度/%	渗透率/m^2
$二_1$ 煤顶 1-3	479.95~480.98	泥岩	2.09	3.51×10^{-18}
$二_1$ 煤顶 4-6	479.20~479.85	泥岩	2.38	4.62×10^{-18}
$二_1$ 煤底 1-6	490.06~493.16	泥岩	2.16	3.91×10^{-18}

2.6.2 煤体及顶底板裂隙发育特征

与常规油气储藏不同，煤层既是煤层气生气层，又是其储集层。煤体自身含有割理、天然裂隙等结构弱面。煤层气的储存及运移产出受孔隙与裂隙的尺寸、孔隙度、连通性等因素的影响。压裂裂缝受到地应力各向异性、岩石脆性指数、煤岩体内天然裂隙等因素的影响[127]。由于压裂井与已采 3904 工作面的最短距离为 90m，存在压裂裂缝沿着天然裂隙快速扩展，进而沟通已采工作面，导致压裂失败的可能性。因此，分析煤体与顶底板裂隙发育特征，对研究煤层气运移及赋存机理、裂缝起裂及扩展规律、煤层气开发具有十分重要的现实意义。

2.6.2.1 煤体裂隙发育特征

煤体为基质孔隙、裂隙的双重孔隙结构，裂隙发育程度、规模、连通性及其性质决定了煤体的渗透率[1]。水力压裂目的是扩展煤体内的裂隙、连通基质孔隙，以增强煤体渗透率，因此，煤体中裂隙是影响压裂裂缝范围及压裂液滤失的重要因素，进而直接影响煤层气的抽采难易程度、抽采量。根据煤体中裂隙的形态、成因，可将其分为割理、外生裂隙、继承性裂隙 3 大类[160]，如图 2-7 所示。

割理（内生裂隙）、外生裂隙和继承性裂隙的发育程度决定了煤储层的孔隙度和渗透率。割理是煤体中天然存在的裂隙，煤储层中连续分布、延伸较长的裂隙称为面割理，有时甚至可以达到几百米；端割理是煤层中发育较差、断续分布的次要割理，两者一般呈垂直或近乎垂直的角度，且与煤层垂直或者大角度相交。

表 2-10 中，中马村矿$二_1$煤层中煤体割理有端割理、面割理，端割理、面割理呈高角度或正交相交，大都垂直于层理，且大部分裂隙内部没有充填物，只有少量裂隙内部充填方解石、黄铁矿等物[120]。

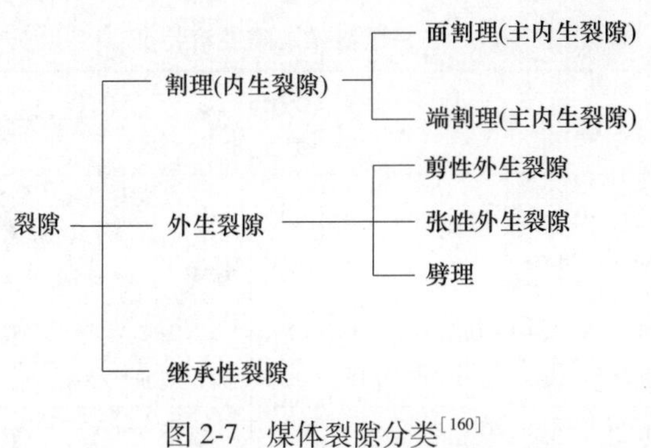

图 2-7 煤体裂隙分类[160]

表 2-10 中马村矿不同采区的割理发育特征[120]

观测点位置	煤层	裂隙类型	走向	裂隙密度/条·(10cm)$^{-1}$
27 采区上分层	二$_1$	面割理	50	9
		端割理	130	8
27 采区下分层		面割理	64	12
		端割理	144	8
23 采区		面割理	63	16
		端割理	10	6
39 采区		面割理	56	18
		端割理	135	14

通过观察发现，煤体内的外生裂隙主要发育 NW、NE 两组，并且发育数量较少，其中 23 采区的裂隙走向为 0°、NE60°、NW310°；27 采区的下分层发育的裂隙走向为 NE30°；39 采区发育的裂隙走向分别为 NE30°、NW330°，其宏观裂隙走向玫瑰花图[120]如图 2-8 所示。表 2-11 为各采区显微裂隙发育特征。

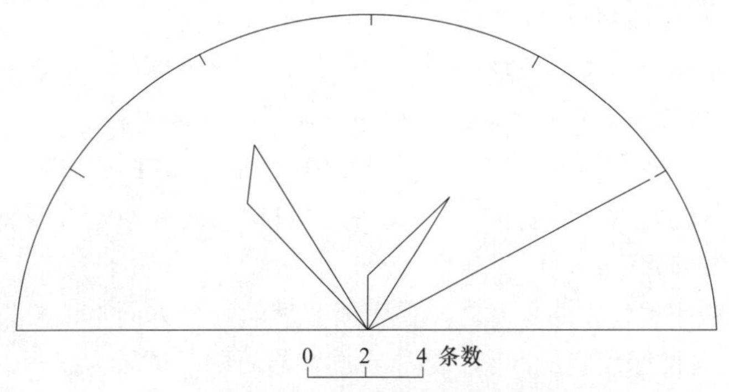

图 2-8 宏观裂隙走向玫瑰花图

表 2-11 各采区显微裂隙发育特征[120]

采样地点	煤岩成分	显微裂隙宽度	显微裂隙长度	显微裂隙描述
27011采面	镜煤	宽度值：0.78~3.10μm 平均为1.98μm	延伸出观察范围	主要发育2组，裂隙比较平直，局部略有弯曲，连通性很好且裂隙内部大都未被充填或有少量充填
	亮煤	宽度值：0.22~1.20μm 平均为0.75μm	平均为149.40μm	裂隙不发育，一般发育有1组，形态弯曲，连通性较差，内部无充填
	暗煤	宽度值：0.33~1.55μm 平均为0.78μm	—	裂隙不发育，一般只有1组，其形态弯曲，连通性差，内部无充填
23061采面	镜煤	宽度值：0.56~2.22μm 平均为1.45μm	平均为436.20μm	裂隙较发育，常见有1组，其形态呈平直状，局部有少量弯曲，连通性较差，内部无充填
	亮煤	宽度值：0.59~1.37μm 平均为0.85μm	平均为587.52μm	裂隙不发育，一般发育有1组，形态弯曲，连通性较差，内部无充填
39采区	镜煤	宽度值：0.76~2.94μm 平均为2.02μm	—	裂隙发育，常见有2组，其形态呈平直状，局部有少量弯曲，连通性较差，内部无充填
	亮煤	宽度值：0.21~1.00μm 平均为0.64μm	—	裂隙不发育，一般发育有1组，形态弯曲，连通性较差，内部无充填

2.6.2.2 顶底板裂隙发育特征

岩石的节理主要受到地层构造运动的影响，不同期次的构造运动使其方向性不同。一般来说，岩石中共轭剪节理的锐角指向最大水平主应力方向。下面参考华北地区其他地层区的野外观察结果，并结合揭露的二$_1$煤顶底板中的宏观裂隙发育特征描述顶底板裂隙发育特征。

二$_1$煤顶板中岩性主要包括砂岩、砂质泥岩、泥岩等，基于华北地区其他地层区节理、构造成因之间的关联，得出中马矿区节理的发育方向为NNW-SSE方向、NNE-SSW方向、NWW-SEE方向、NE-SW方向、NEE-SWW方向[120]。结合中马村矿二$_1$煤的宏观裂隙发育特征，推断出煤层顶底板中发育的裂隙优势方向为NNW-SSE、NE-SW。

二$_1$煤底板中岩性主要是泥岩，且底板节理的发育方向与顶板裂隙优势方向一致。但是节理的密度有所区别，通常在脆性岩石中节理较为发育，节理的发育程度与岩石厚度呈反比例关系。

2.6.2.3 煤体裂隙与顶底板节理的关系

煤储层中裂隙是煤层气运移、产出的通道，控制着煤储层的渗透率，决定了煤层气的可开发性。裂隙的发育方向取决于煤质、含煤岩系岩体结构、构造应力场等因素。同一期构造运动形成的煤层裂隙产状与上下顶底板中的节理产状基本一致，但因其力学性质不同会有一定的偏差。

二$_1$煤层中的裂隙系统具有明显的方向性，表现为 NE-SW 和 NNW-SSE 两个优势方向，且以 NE-SW 方向更为发育。煤体内裂隙与顶底板节理走向的优势方向基本一致，煤层主裂隙的方向与最大水平主应力方向基本一致。这一裂隙与应力场的耦合关系以及水平主应力差，是影响突出煤层顶板分段压裂主裂缝及分支裂缝扩展路径、压裂液流动方向的关键因素之一，也是控制本区域煤层气井产能的主要因素之一。

3 煤储层裂缝网络结构形成机制物理模拟试验研究

3.1 煤岩真三轴水力压裂模拟试验研究

北美页岩气的成功开发表明，水力压裂效果受到储层赋存条件、压裂工艺等多种因素的综合作用，通过体积改造技术可形成沟通天然裂缝的裂缝网络结构，最终实现了页岩气的商业化开发。因此，我国煤层气的开采有必要借鉴北美页岩气开发的成功经验，采用体积改造技术。然而，体积改造技术在我国低透气性煤层中的应用仍处于摸索期，对煤储层体积改造试验、压裂裂缝宽度等方面的研究鲜有报道。鉴于此，本节采用大尺寸真三轴水力压裂试验系统，开展了不同围压、变压裂液排量、变压裂次数条件下的煤岩真三轴水力压裂模拟试验，分析了应力、天然裂隙、压裂液排量等因素对煤岩压裂裂缝起裂、扩展路径及其形态特征的影响，研究结果可为煤岩裂缝网络结构的形成机理、体积改造理论的完善及现场施工参数的选取提供参照。

3.1.1 煤岩真三轴水力压裂试验系统

煤岩真三轴水力压裂试验系统主要包括三向应力加载装置、试件固定装置、数据采集系统、压裂水泵、应力传力板及其他辅助装置。

大尺寸真三轴水力压裂试验装置（见图 3-1）为多场耦合煤层气开采物理模拟试验系统[161-166]，该装置包括三向应力加载装置、数据采集系统、试件固定装置等。压裂水泵为电动试压泵，如图 3-1 所示，功率 1. 1kW，额定流量 70. 0L/h，额定压力 25. 0MPa。与电动试压泵连接的水压传感器，通过数输信号线将水力压裂数据传送至多通道采集卡，由 MaxTest-Coal 煤岩测控系统实时显示和存储，记录的数据包括注水时间、水压力等。压裂液中添加示踪剂，以便剖开试件后对压裂裂缝的起裂方位、扩展路径进行辨认。

三向应力加载装置为多场耦合煤层气开采物理模拟试验系统[161-166]的“三向四级”应力加载装置（见图 3-2），该应力加载装置共分布 9 个液压杆：垂直方向分布 4 个液压杆，用于模拟压裂储层中不同的垂向应力；水平方向分布 5 个液

图 3-1 大尺寸真三轴水力压裂试验装置

压杆，用于模拟压裂储层中不同的水平主应力。每个液压杆均能够实现分级加载，以便更加真实地模拟压裂储层中复杂多变的应力条件。由于此次大尺寸真三轴水力压裂试验试件的尺寸为600mm×600mm×450mm（长×宽×高），其长度约为实验箱体长度（1050mm）的一半[161-166]，因此选用垂直方向上的2个液压杆、水平方向上的3个液压杆分别模拟垂向应力、水平主应力。垂向应力、最大水平主应力共使用其中的4个液压杆，每个液压杆作用的钢板宽度均为压裂试验试件长度的一半，能够实现分别加载不同的应力值，以模拟压裂储层中复杂的地应力条件。最大水平主应力 σ_H、垂向应力 σ_V、最小水平主应力 σ_h 的加载方向如图 3-2 所示。为使试件垂直方向上受力均匀，预先在试件底端铺设正方形钢板，垂向应力通过试件顶端的圆形铁饼作用于试件顶端的长方形钢板。

“三向四级”应力加载装置的每个液压杆端部均安装了位移计（见图 3-2），位移计可采集试验试件在压裂过程中的变形，即压裂裂缝宽度的变化规律。试验过程中试件受到的三向应力为定值，随着压裂液持续泵注入试件，压裂裂缝在压裂液作用下开启，然后在应力的作用下闭合，压裂裂缝在新泵注压裂液的作用下再次开启，以此往复，压裂裂缝反复开启、闭合。位移计采集的数据可实时监测压裂裂缝宽度的变化规律。

图 3-2 应力加载装置

3.1.2 煤岩真三轴水力压裂试验方案

为了研究应力、天然裂缝、压裂液排量对压裂裂缝的起裂方位、扩展路径及裂缝网络结构的影响，本节采用相似材料包裹原煤作为压裂试件，按照定应力、变压裂液排量的试验条件，开展煤岩真三轴水力压裂模拟试验。试验运用不同的压裂液排量即 1.2L/min、2.4L/min，压裂时间分别为 12.84min（压裂 4 次）、1.13min。由于试验系统可实现应力分别加载，为模拟复杂的应力条件，选取的试验应力具有应力梯度，水力压裂试验参数见表 3-1，应力加载曲线如图 3-3 所示。

表 3-1 水力压裂试验参数

出水孔段长度 /mm	出水孔直径 /mm	最大水平主应力 σ_H/MPa		垂向应力 σ_v/MPa		最小水平主应力 σ_h/MPa
		σ_{H1}	σ_{H2}	σ_{v1}	σ_{v2}	
100	3.0	2.4	3.0	2.2	2.2	1.2

3.1.3 煤岩真三轴水力压裂试验试件的制作

3.1.3.1 相似材料配比试验

鉴于现场大尺寸完整原煤采集、制作加工困难，相似模拟逐渐成为研究具体

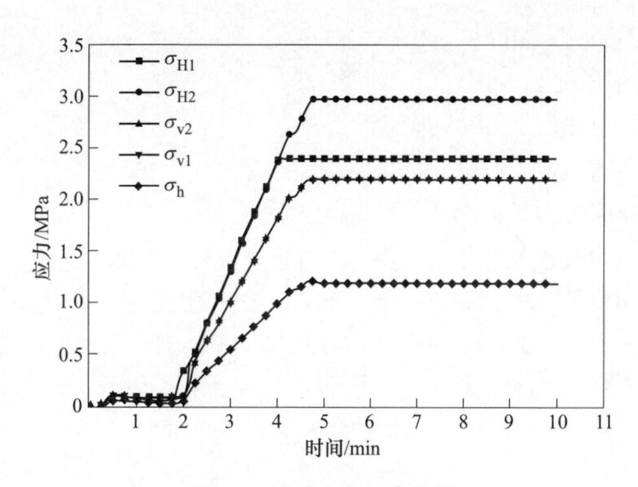

图 3-3 试验应力加载曲线

工程问题（围岩变形破坏、煤岩内爆等）的重要方法，水力压裂模拟试验也逐渐被广大学者所采用，本书根据模型试验相似原理，采用相似材料成型水力压裂试验试件。

模型试验相似原理指模型在几何外形、力学性能、荷载、重度、变形特征等方面与原型具有很大程度的吻合性，能够使模型重现原型的物理特征[167]。相似比尺 C 是指原型和模型间具有相同量纲的物理量的比值。根据量纲法可推导出原型和模型的相似关系：

$$C_{\varepsilon} = C_{\varphi} = C_{k_{\mathrm{d}}} \tag{3-1}$$

$$C_{\delta} = C_{\varepsilon} C_{l} \tag{3-2}$$

$$C_{\sigma} = C_{\gamma} C_{l} = C_{E} C_{\varepsilon} \tag{3-3}$$

$$C_{\sigma} = C_{E} = C_{\sigma_{\mathrm{c}}} = C_{\sigma_{\mathrm{t}}} = C_{c} \tag{3-4}$$

$$C_{k} = C_{t} = \sqrt{\frac{C_{l}}{C_{\gamma}}} \tag{3-5}$$

式中 C_{ε}——应变，无因次量；

C_{φ}——内摩擦角，(°)；

$C_{k_{\mathrm{d}}}$——软化系数，无因次量；

C_{δ}——位移，m；

C_{l}——几何尺寸，m；

C_{σ}——应力，MPa；

C_{γ}——重度，N/m^3；

C_{E}——弹性模量，GPa；

C_c——黏聚力，MPa；

C_{σ_c}——抗压强度，MPa；

C_{σ_t}——抗拉强度，MPa；

C_k——渗透系数，m/d；

C_t——时间等参量的相似系数，无因次量。

相似比选用弹性模量相似比 $C_E=1$，由式（3-4）可得：$C_\sigma=C_{\sigma_c}=C_{\sigma_t}=C_c=1$。

原煤的力学参数：抗压强度为8.53MPa，抗拉强度为0.63MPa，弹性模量为0.82GPa，泊松比为0.28，坚固性系数为0.80。相似模拟试验的关键在于材料与原煤力学性质相似，按照一定的配比制成的材料，和原煤的大部分特性相符。因此，相似材料的选择、各材料之间的配比，对模型的物理力学性质有很大的影响，这成为相似模拟试验成功的最重要因素。经过对比分析，本书选用水泥（复合硅酸盐水泥P·C32.5R）、石膏（325目）、全粒径煤粉制作成不同规格的相似材料试件，通过测定不同配比相似材料试件的力学性能，选定合适的配比，使相似材料试件的力学性能与原煤最为接近。

选定的5组试件材料配比分别如下：A组水泥：石膏：全粒径煤粉=1：1：1；B组水泥：石膏：全粒径煤粉=1：1：1.5；C组水泥：石膏：全粒径煤粉=1.5：1：1；D组水泥：石膏：全粒径煤粉=1：2：1；E组水泥：石膏：全粒径煤粉=2：1：1。利用日本AGI 250电子精密材料实验机装置，采用贴“T”形应变片的方式，测定了不同配比相似材料试件的单轴抗压强度、弹性模量、泊松比；采取自由落锤法，测定了不同配比相似材料试件的坚固性系数，测试结果见表3-2。

表3-2　相似材料试件的力学参数

试件		单轴抗压强度/MPa		弹性模量/GPa		泊松比		坚固性系数	
组别	试件编号	单个	平均	单个	平均	单个	平均	单个	平均
A	1	2.93	3.01	0.45	0.55	0.22	0.22	0.51	0.61
	2	3.05		0.46		0.23		0.72	
	3	3.04		0.74		0.21		0.59	
B	1	5.44	5.41	0.75	0.75	0.18	0.17	0.66	0.64
	2	5.01		0.65		0.17		0.62	
	3	5.77		0.85		0.17		0.64	
C	1	6.32	5.47	0.83	0.65	0.36	0.35	0.69	0.65
	2	4.98		0.50		0.35		0.49	
	3	5.12		0.63		0.33		0.78	

续表 3-2

试件		单轴抗压强度/MPa		弹性模量/GPa		泊松比		坚固性系数	
组别	试件编号	单个	平均	单个	平均	单个	平均	单个	平均
D	1	3.21	3.13	0.63	0.66	0.25	0.28	0.60	0.58
	2	3.18		0.79		0.27		0.59	
	3	2.99		0.56		0.33		0.56	
E	1	5.98	5.36	1.13	0.95	0.26	0.25	0.90	0.82
	2	4.59		0.84		0.25		0.81	
	3	5.51		0.88		0.24		0.75	
原煤		8.53		0.82		0.28		0.80	

为确保相似材料与原煤的力学性质一致，两者应当在某些参数方面遵循相似性。但由于煤储层赋存条件复杂，存在各向异性，导致相似材料很难满足所有的力学要求。鉴于此，本节依据水力压裂模拟试验对材料力学条件的要求，在一定程度对相似性进行了简化，只研究对水力压裂效果有关键作用的参数。最终选定抗压强度、弹性模量、泊松比、坚固性系数作为主要的参照指标，其中抗压强度、坚固性系数作为主要的强度指标，弹性模量、泊松比作为主要的变形指标。表 3-2 中，经过对比原煤、相似材料的力学参数，参照相似材料模型模拟压裂地层所受应力及试验要求，选定 E 组配比（水泥：石膏：全粒径煤粉=2：1：1）成型水力压裂试验试件。

3.1.3.2 试验试件的制作

原煤煤样的尺寸为 250mm×190mm×147mm（长×宽×高），如图 3-4（a）所示，在制作压裂试件时，采用力学性能与原煤相近的相似材料对原煤进行包裹，并保证原煤端面的平整度，以满足试验要求。相似材料选用水泥、石膏、全粒径煤粉，通过测试 5 组相似材料配比试验，最终确定相似材料的理想配比为水泥：石膏：全粒径煤粉=2：1：1。

成型试件前在原煤中心钻取深度 130mm、直径 18mm 的圆柱形孔，如图 3-4（a）。如图 3-4（b）所示，压裂管装置是长度为 284mm、外径为 16mm、内径为 8mm 的高强度钢管，在距其底端 100mm 范围内对称切割直径为 3mm 的出水孔，底端焊接密封。待钻孔清理干净后，利用环氧树脂胶将压裂管出水孔上方的 30mm 与原煤孔壁黏结。在制作试验试件的过程中，先将原煤煤样预置在模具中，然后在其周围浇筑相似材料，试件尺寸为 600mm×600mm×450mm（长×宽×高），如图 3-4（c）所示。压裂管顶端外刻螺纹，与压裂液高压水管密封连接。试件养护 30d，使相似材料与原煤煤样的接触面充分胶凝、结合，待试件养护完成后准备开展水力压裂试验。当应力加载完成且稳定 15min 后，打开调试好的压裂泵，通过压裂管向试件中泵注压裂液，直至压裂试件表面有压裂液流出，关闭压裂泵装置，试验完成。

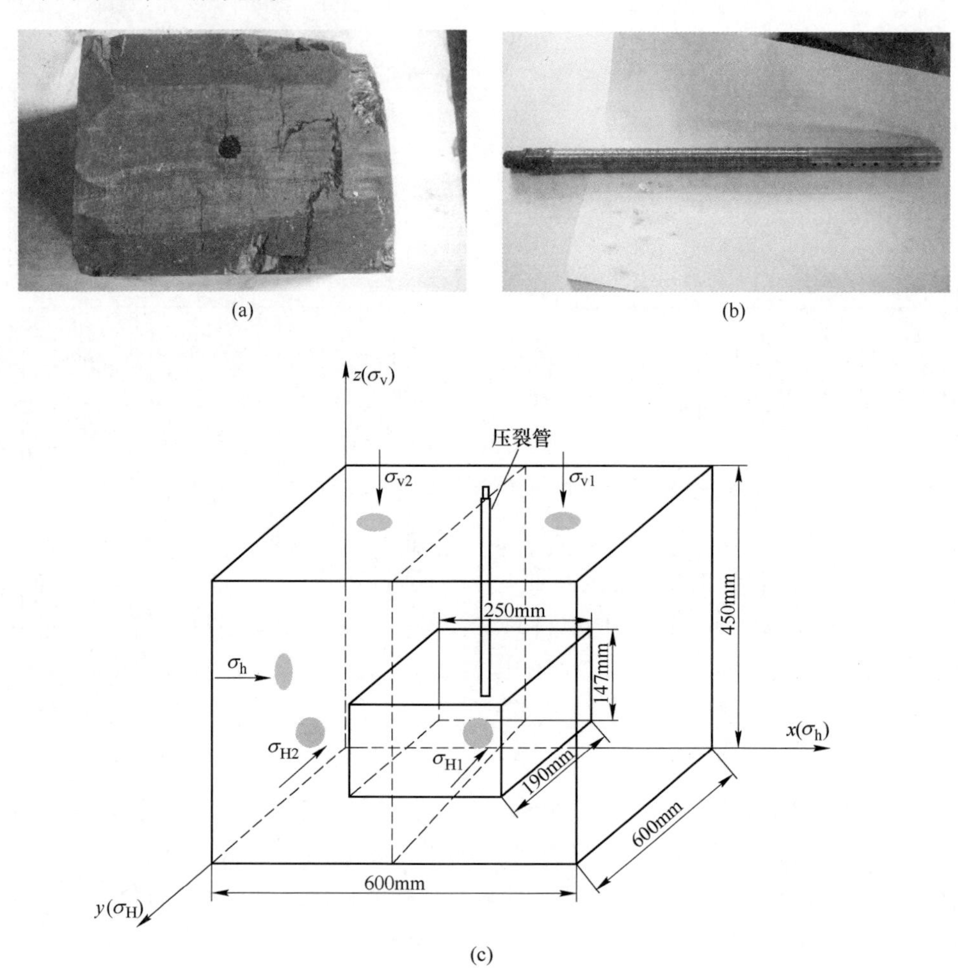

图 3-4　水力压裂试验试件

（a）原煤煤样；（b）压裂管装置；（c）压裂试件及应力加载方向

3.1.4 煤岩真三轴水力压裂试验结果分析

3.1.4.1　水力压裂曲线特征分析

图 3-5 为试验过程中记录的水力压裂泵注压力与时间的关系曲线。

由图 3-5（a）压裂曲线可知，变排量前随着压裂液进入压裂管，充满高压水管、压裂管后，水压曲线快速升高。压裂液通过压裂管端面切割的出水孔进入原

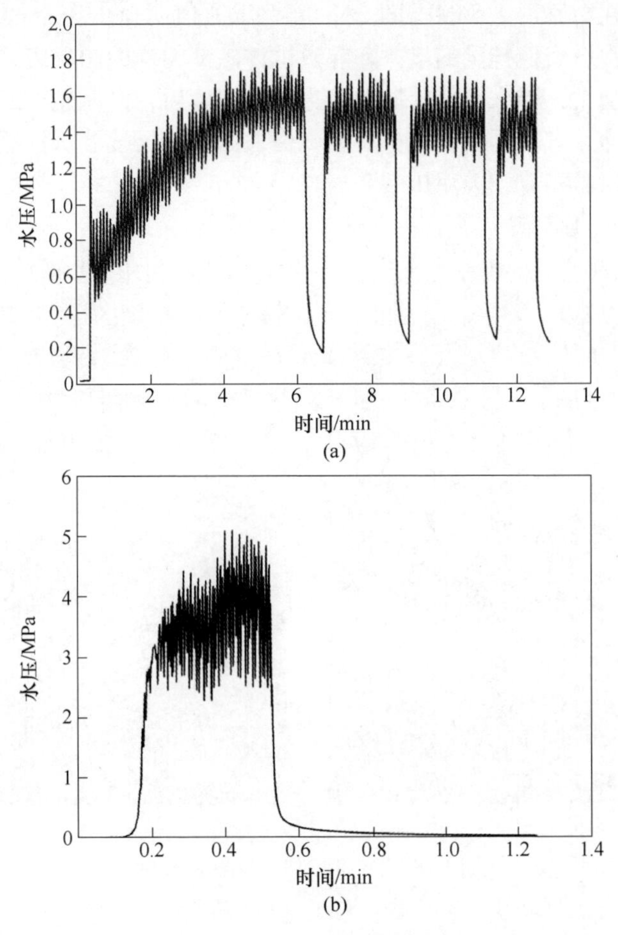

图 3-5 水压-时间曲线
（a）变排量前压裂曲线；（b）变排量后压裂曲线

煤煤样中的原生裂隙内，在 0.36min 时达到原煤煤样的破裂压力 1.25MPa。压裂液充满原生裂隙后，压裂裂缝开始扩展延伸，首先沿着原生裂隙扩展延伸。当新压裂液继续泵注入压裂管后，水压曲线开始上下波动，该过程中伴随着新裂缝的产生、扩展。由于试验应力条件满足 $\sigma_H>\sigma_v>\sigma_h$，故压裂裂缝会逐渐转向 σ_H 方向。当压裂液继续泵注入压裂管，新裂缝在原煤煤样中持续扩展延伸。由于原煤煤样中存在不同发育程度的天然裂缝，压裂液不断沟通天然裂缝，压裂液与天然裂缝遭遇后导致缝内净压力不同，水压曲线上下波动。如此往复 4 个阶段，伴随压裂液的持续泵注，压裂裂缝在原煤煤样中扩展延伸。

4 次压裂结束后，压裂液未从试件端部流出，调节压裂泵，将压裂液排量增大至 2.4L/min（是第一次压裂液排量的 2 倍），水压曲线如图 3-5（b）所示，图中水压力主要在 2.96~4.56MPa 波动，最大压力值明显大于变排量前的水压峰值。分析原因：压裂液排量的增大，导致试件内部的缝内净压力升高，故第二次压裂时水压力增大。当大排量的压裂液进入压裂管后，沿原先形成的压裂裂缝通道继续扩展延伸，直至压裂裂缝扩展至试件表面后，压裂液从贯穿试件的压裂裂缝通道流出，试验完成，关闭压裂泵。

3.1.4.2　压裂裂缝扩展特征分析

图 3-6 为大尺寸试件压裂裂缝形态图，可以看出水力压裂主裂缝、分支裂缝均垂直于最小水平主应力，图 3-6（a）和（b）中均有一条水力压裂主裂缝贯穿了试件上、下端面，且试件右侧形成了分支裂缝。分析原因：最大水平主应力与垂向应力相近、两者均远大于最小水平主应力，且 σ_{H1}（2.4MPa）与垂向应力 σ_{v1}（2.2MPa）之间的差值小于 σ_{H2}（3.0MPa）与垂向应力 σ_{v2}（2.2MPa）之间的差值。

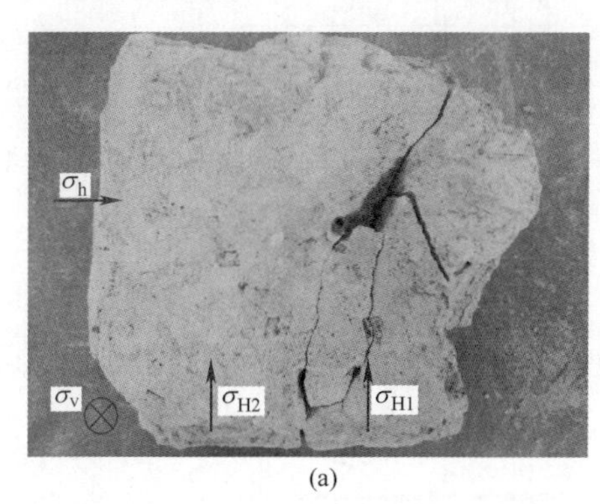

(a)

(b)

图 3-6　大尺寸试件压裂裂缝形态

（a）上端面压裂裂缝形态；（b）下端面压裂裂缝形态

图 3-7 为大试件剖开后内部的压裂裂缝形态图，从图中可以看出，压裂裂缝在相似材料和原煤之间具有明显的分界面，并具有以下特征：（1）大试件在 σ_{H1} 作用方向沿着原煤的侧面开裂，形成了一条平行于 σ_{H1} 且贯穿试件端面的压裂裂

(a)

(b)

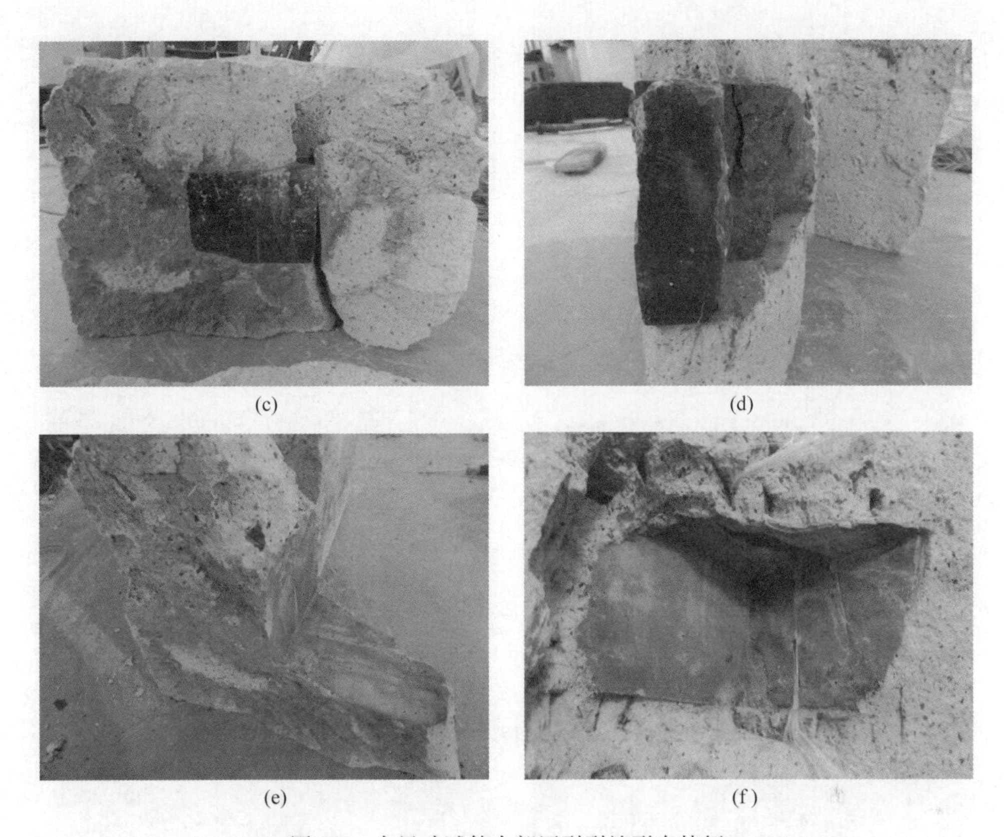

图 3-7 大尺寸试件内部压裂裂缝形态特征

(a) 压裂试件俯视图；(b) 左侧压裂试件俯视图；(c) 左侧压裂试件侧视图；
(d) 压裂试件内部原煤破裂图；(e) 原煤周围破裂图 1；(f) 原煤周围破裂图 2

缝；(2) 压裂液沿原煤中压裂裂缝通道流出，充满原煤与相似材料之间的空间，但在应力、压裂液的共同作用下，压裂液突破该空间的限制，继续沿相似材料中形成的裂缝通道流动，相似材料压裂产生的主裂缝、分支缝都趋于最大水平主应力方向，在局部有分流现象。

图 3-8 为压裂前原煤端面、压裂后压裂裂缝形态，原煤受力条件如图 3-4 (c) 所示，裂缝形态图为剖切原煤后的实物图，拍照顺序：将原煤煤样按逆时针翻转一周拍摄。观察原煤端面发现压裂裂缝形态复杂，水力压裂主裂缝趋于最大水平主应力方向扩展，压裂产生了分支裂缝，部分分支裂缝沿煤岩天然裂隙开启，部分分支裂缝随机扩展。

图 3-8 (a) 前端：煤样左侧存在一条贯穿试件，且平行于 σ_{H1} 的压裂裂缝 1，中间裂缝 2、右侧裂缝 3 均趋向于 σ_{H} 方向。图 3-8 (a) 后端：左侧裂缝 1、右侧裂缝 4 均平行于最大主应力方向。此外，存在一条平行于 σ_{h} 方向的压裂裂缝 5。

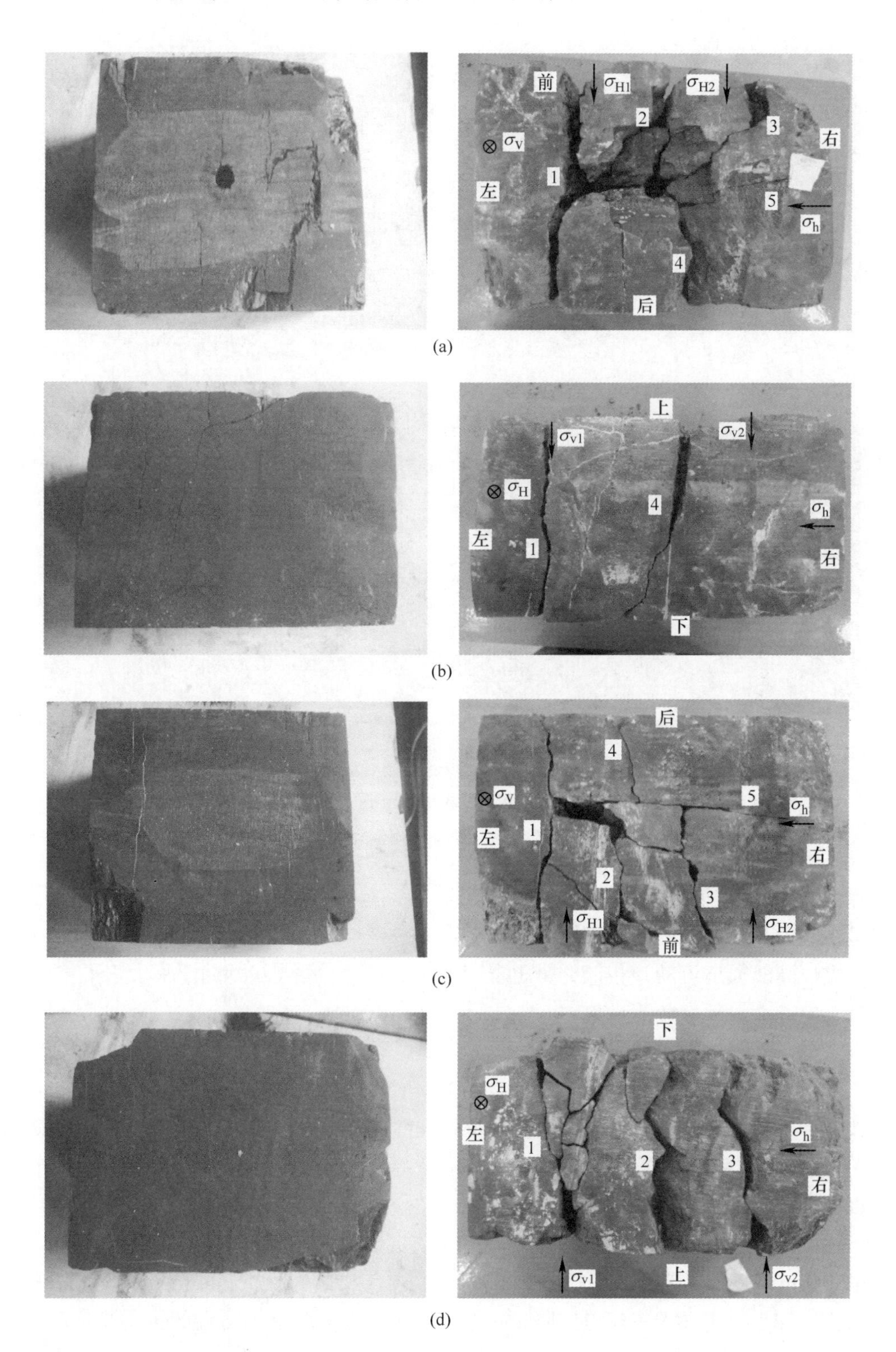

前
σ_{H1}
σ_{H2}
2
3
右
σ_V
1
左
5
σ_h
4
后
(a)
上
σ_{v1}
σ_{v2}
σ_H
4
σ_h
左
1
右
下
(b)
后
4
σ_V
5
σ_h
左
1
右
2
3
σ_{H1}
前
σ_{H2}
(c)
下
σ_H
左
1
2
3
σ_h
右
σ_{v1}
上
σ_{v2}
(d)

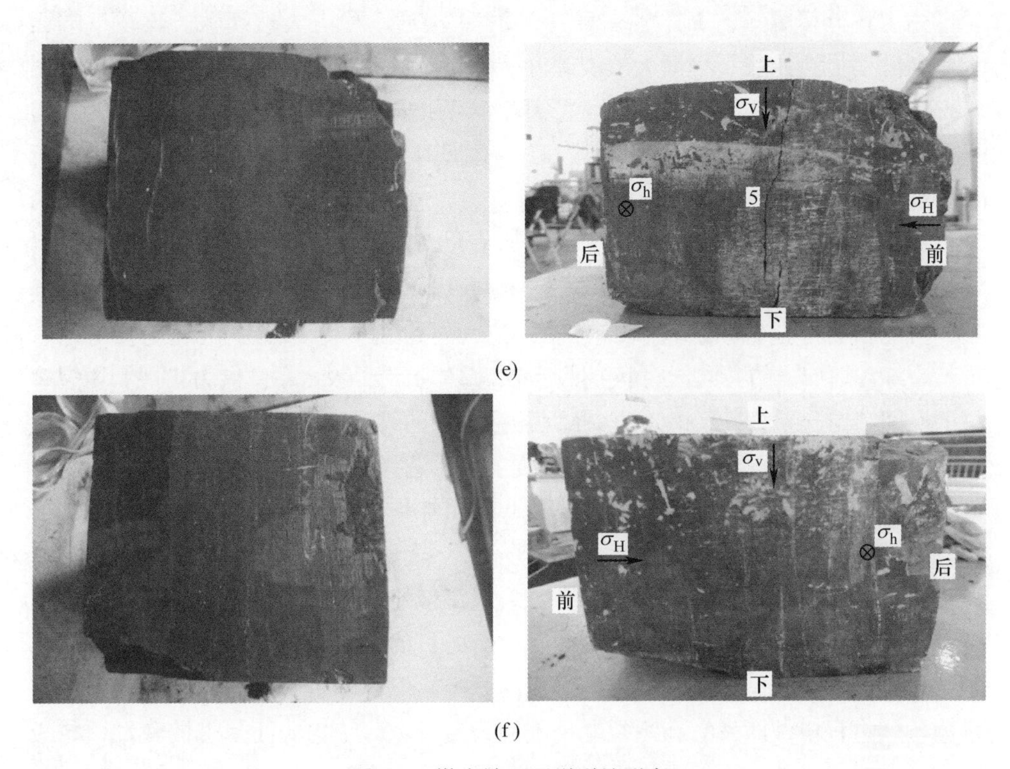

图 3-8 煤岩端面压裂裂缝形态

（a）煤样上端面；（b）煤样后端面；（c）煤样下端面；
（d）煤样前端面；（e）煤样右端面；（f）煤样左端面

图 3-8（b）中产生两条压裂裂缝 1、4，均沿垂直于 σ_h 方向扩展，右侧裂缝 4 在煤样下端逐渐趋向于左侧裂缝 1，即趋向于 σ_{v1} 作用的方向。与原煤端面对比发现：压裂裂缝 1、4 均沿原有天然裂隙开裂并扩展延伸，但原有天然裂隙并未全部开启。

图 3-8（c）中压裂裂缝形态复杂，左侧裂缝 1 沿原有天然裂隙开裂并贯穿试件。与原煤上端面压裂裂缝 4 的位置对比发现：压裂裂缝 4 与压裂裂缝 1 的距离减小，即趋向于 σ_{H1} 方向。试件前端的裂缝 1、2、3 之间产生诸多分支裂缝，形成了多分支缝。

图 3-8（d）前端中存在 3 条贯穿煤样上下端面的主裂缝，压裂裂缝 1、2、3 之间产生分支裂缝，主裂缝、分支裂缝的开裂方向均趋向于 σ_H 方向。

图 3-8（e）中原煤端面无天然裂隙，压裂裂缝 5 贯穿了原煤，且平行于 σ_h 方向。

图 3-8（f）煤样左端面压裂后未形成新裂缝。

由上述分析可知，煤样上端面裂缝2、4沟通了原有天然裂隙。煤样下端面天然裂隙明显，压裂裂缝沿天然裂隙开裂，形成了贯穿煤样左侧的主裂缝1。图3-8（b）裂缝1、4沟通了原有天然裂隙，但并非全部天然裂隙均会被激发，与煤样受力条件有很大关系。裂缝1、2、3间产生沿σ_H方向开裂的分支缝，分析认为分支缝的产生与σ_{H1}、σ_{v1}两者相近有关，且远大于σ_h，即三向应力中有两个值相近，且远区别于第三向应力时可形成复杂缝。

压裂裂缝在煤储层中扩展时，压裂裂缝首先在钻孔附近起裂，触碰到天然裂缝后，可能朝不同的方向沿天然裂缝扩展，直到遇到另一条天然裂缝形成分支缝，在天然裂缝和地应力的共同作用下扩展延伸，总体上沿最大水平主应力扩展。压裂裂缝的空间结构与天然裂缝相似，一般是激活原有的天然裂缝，沿天然裂缝扩展，直至受制于天然裂缝的方向、填充胶结的强度，再选择阻力较小的路径转向。

综上所述，地应力对裂缝扩展路径起决定性作用，煤岩中不同发育程度、不同倾角的端割理、面割理、天然裂隙等弱面结构，在局部区域会诱导、影响水力压裂主裂缝的扩展路径，进而形成分支裂缝，最终在主裂缝周围存在多级分支裂缝，形成裂缝网络结构，达到储层缝网改造的目的。端割理、面割理、天然裂隙等结构弱面的存在是裂缝网络结构形成的诱因，但并不是所有的天然裂隙都会在水力压裂过程中被激发。在主裂缝周围的天然裂隙等结构弱面是否被激发，与最大水平主应力方位、天然裂缝面、缝内净压力等因素有关。

压裂裂缝的起裂取决于地应力、时间效应、岩石的非均质性、注入速度等。流体压力是压裂裂缝延伸的主要动力，当缝内净压力大于煤岩体抗拉强度与水平主应力差之和时形成初始裂缝，此时煤岩发生脆性破裂，在持续水压力的作用下压裂裂缝扩展延伸[168]。天然裂缝的抗张强度小于岩石的抗张强度，压裂裂缝首先沿压裂管周围的天然裂隙起裂，图3-9中压裂液进入端割理、面割理后沟通天

(a)

(b)

图3-9　煤岩内部压裂裂缝

（a）压裂管左侧内部裂缝；（b）压裂管右侧内部裂缝

然裂隙，压裂裂缝尖端的应力场发生变化，最终导致缝内净压力的改变，影响压裂裂缝扩展。

在煤岩中开展水力压裂作业时，压裂裂缝首先会沿钻孔周围的天然裂隙起裂（见图3-9），形成一条或多条水力压裂主裂缝，主裂缝在扩展时沟通不同发育程度的天然裂隙、层理等结构弱面，在主裂缝的侧向形成一级分支裂缝，并在一级分支裂缝的基础上形成二级分支裂缝。即总体上形成多条主裂缝，在局部形成多级分支裂缝，主裂缝与多级分支裂缝沟通、交织形成裂缝网络结构。

3.1.4.3 压裂裂缝宽度特征分析

图3-10为试验过程中位移计采集的压裂裂缝宽度与时间关系曲线图。

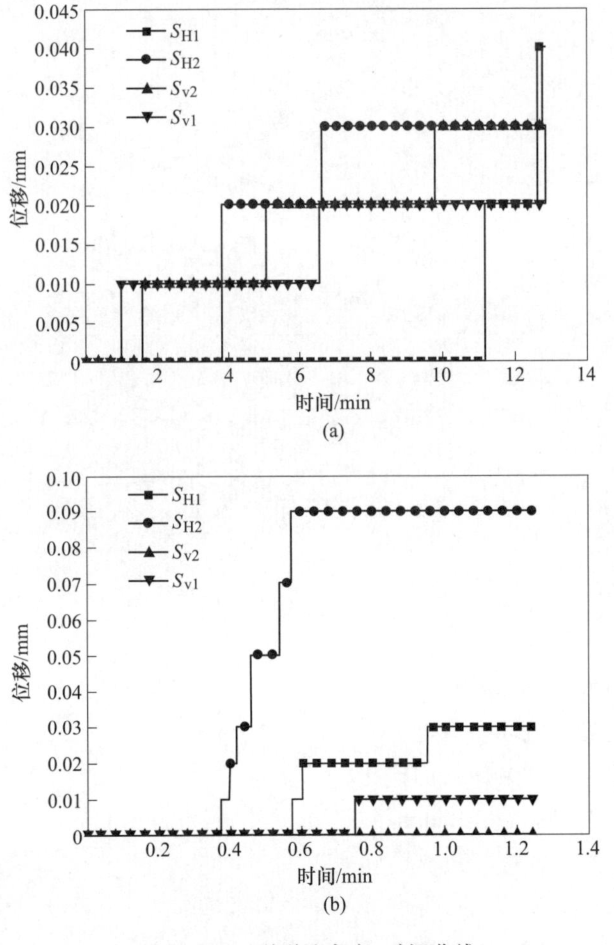

图3-10 压裂裂缝宽度-时间曲线

（a）变排量前缝宽变化曲线；（b）变排量后缝宽变化曲线

由图3-10（a）和（b）可知：煤岩水力压裂试验中，水压力上下波动时伴随着压裂裂缝的开启、闭合，裂缝宽度随压裂液排量的泵注而变化。通过对比图3-10（a）和（b）两幅图发现，裂缝宽度与三向应力值之间无明显线性关系，不同于文献［94］研究得出的结论（见图3-11）：垂向应力一定，压裂裂缝宽度随水平主应力差的增大而减小。分析原因认为：煤岩中存在端割理、面割理、天然裂隙等结构弱面，具有高非均质性，导致压裂裂缝起裂、扩展具有随机性，裂缝形态复杂；而文献［94］中试验试件由水泥、石膏、煤粉混合成型，均质性较高，形成的裂缝形态单一。因此，煤储层中开展水力压裂时，压裂裂缝宽度不仅受地应力的影响，而且与煤岩均质度、天然裂缝、压裂液排量等其他因素有关。

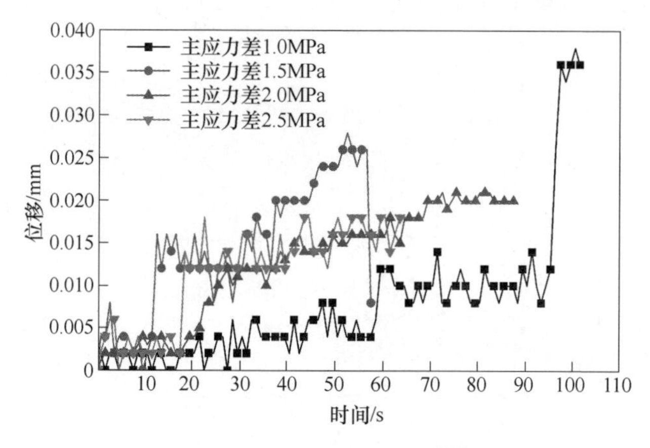

图3-11 缝宽-时间曲线[94]

PKN模型中，压裂裂缝在煤岩中任一位置的裂缝宽度可由下式计算得出[169]：

$$W = 2\alpha \left[\frac{(1-\nu^2)Q\mu L}{60E}\right]^{0.25} \tag{3-6}$$

式中 W——裂缝宽度，mm；

α——压裂液流动系数；

ν——煤岩不同方向的泊松比；

Q——压裂泵排量，L/min；

μ——压裂液黏度，Pa·s；

L——裂缝长度，m；

E——煤岩不同方向的弹性模量，GPa。

据式（3-6）可知，裂缝宽度因为层理方向、压裂储层岩性等物性参数的不同而有区别：目标压裂煤储层中，平行于层理方向的裂缝宽度大于垂直于层理方向的裂缝宽度[169]，根据能量守恒原理，平行于层理方向的裂缝长度小于垂直于层理方向的裂缝长度；一般突出煤层顶板岩石的弹性模量大于突出煤层（软煤）的弹性模量，突出煤层顶板岩层中的压裂裂缝宽度小于突出煤层（软煤）中的压裂裂缝宽度，裂缝长度的变化规律与之相反。综上所述，在突出煤层顶板岩层中开展分段压裂作业，具备压裂裂缝在垂向上向下沟通突出煤层的物质条件。

3.2 突出煤层顶板压裂钻孔层位模拟试验研究

我国低渗突出煤层具有“三低一高”的特点，目前煤矿井下大都采用“岩石巷道+穿层钻孔”的方法进行区域瓦斯治理。突出煤层的煤体结构以碎粒煤、糜棱煤为主，直接在此类煤层中运用常规水力压裂技术起到的压裂效果有限，形成的压裂裂缝容易被煤粉填充，无法达到理想的瓦斯抽采效果。为此，可在突出煤层的顶板中实施水力压裂技术，压裂煤层的顶板，而非煤层本身，突出煤层顶板中较易形成裂缝网络结构，进而沟通煤层，使煤层中的瓦斯以扩散的方式进入顶板，然后以渗流方式从顶板运移至钻孔产出。由于该压裂工艺是一种新型卸压增透技术，目前对该技术的理论研究尚未完全成熟，尤其是室内试验、数值模拟研究鲜有报道。而压裂钻孔层位的取值是否合理，直接关系到顶板中的压裂裂缝能否沟通煤层，为煤层中的瓦斯提供产出通道。鉴于此，本节开展了不同突出煤层顶板压裂钻孔层位的室内模拟试验，分析了压裂裂缝在突出煤层顶板中的扩展规律及其沟通煤层的范围，研究结果可为突出煤层顶板分段压裂距离的选择、现场施工的优化设计提供理论依据和数据支撑。

3.2.1 突出煤层顶板压裂钻孔层位试验系统

突出煤层顶板压裂钻孔层位模拟试验装置运用了多场耦合煤层气开采物理模拟试验系统[161-166]的三向应力加载装置、试件固定装置、试验箱体、数据采集系统、应力传力板及其他辅助装置。试验前将试验试件放置于实验箱体（见图3-12）内部，实验箱体的内部尺寸为1050mm×410mm×410mm（长×宽×高）。试验过程中，实验箱体可分为如图3-13所示的四个区域，每个区域的长度为262.5mm，采用“三向四级”应力加载装置的9个液压杆以加载试验应力，每个液压杆之间互不干扰，可以实现分级独立加载试验应力，应力加载方向、压裂钻孔如图3-13所示，压裂钻孔位于实验箱体 xy 面的中心位置。

试验中采用压裂管装置模拟压裂钻孔，压裂管的尺寸如下：封孔段长200mm，直径为28mm；压裂段长500mm，直径为10mm，如图3-14所示。封孔段位于Ⅰ区内，在 z 轴方向上的范围为850~1050mm；压裂段在 z 轴方向上的范

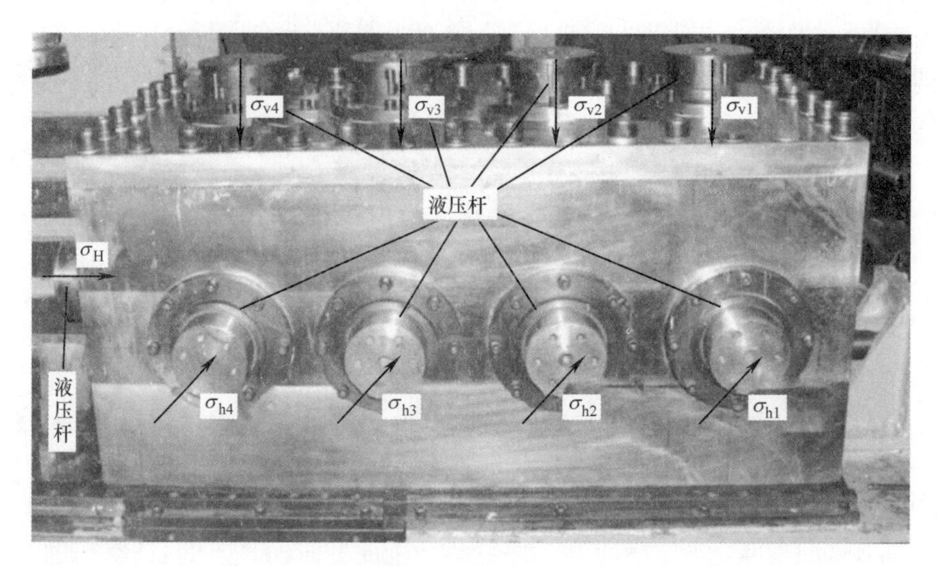

图 3-12　实验箱体[161-166]

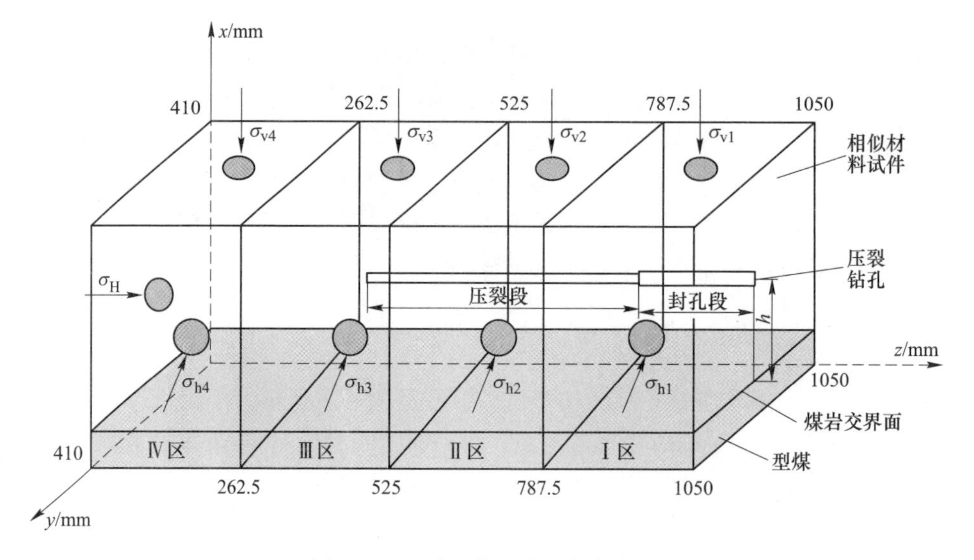

图 3-13　试验试件及应力加载方向

围为 350～850mm，分别为Ⅰ区 787.5～850mm、Ⅱ区 525～787.5mm、Ⅲ区 350～525mm。

试验试件的成型分为上下两部分，分别由上方的相似材料试件和下方的型煤组成（见图 3-13）。下方的型煤在 5000kN 成型压力机[161-166]的作用下成型，该装置包括测力显示仪、液压站、导轨、主机及其他辅助装置，如图 3-15 所示。

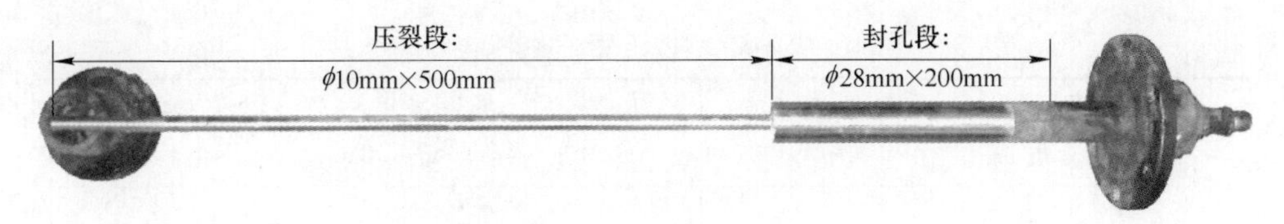

图 3-14 压裂管装置

图 3-15 型煤成型装置[161-166]

压裂泵源装置为 3DS—10-20/25-20 型脉冲式高压水泵[165]，该水泵由水箱、控制柜、电机、压力表、回水管、压裂调节开关等装置构成。压裂泵源装置的额定流量为 10~20L/min，额定压力为 25MPa，压裂液能够实现按照定水压或者定排量开展水力压裂试验。

3.2.2 突出煤层顶板压裂钻孔层位试验方案

为了研究突出煤层顶板中压裂钻孔层位对压裂裂缝的起裂方位、扩展路径及压裂裂缝沟通煤层范围的影响，本节采用相似材料试件模拟突出煤层顶板、型煤试件模拟突出煤层，按照定应力、定压裂液排量、变压裂次数作用下的试验条件，通过预置水平方向的压裂管装置以模拟压裂钻孔，开展突出煤层顶板压裂钻孔层位模拟试验。本节模拟了三种不同的压裂钻孔层位（压裂钻孔的中心与型煤顶端的间距），压裂钻孔层位分别为 0mm、40mm、160mm，试验试件所受应力见表 3-3。待应力加载稳定 15min 后，打开压裂泵源装置开始水力压裂试验。

表 3-3 水力压裂试验参数

试件编号	压裂钻孔层位 h/mm	最大水平主应力 σ_H/MPa	垂向应力 σ_v/MPa	最小水平主应力 σ_h/MPa	压裂液排量 /L · min^{-1}
1	0	3.14	1.95	1.40	15
2	40				
3	160				

为实时监测压裂段区域内、压裂段区域外、煤岩交界面的水压变化，试件中共布设 42 个传感器，垂直于 x 轴方向上将试件分为 6 个层面，垂直于 y 轴方向上分为 5 个纵面，垂直于 z 轴共分为 5 个断面，依次为第一断面 $z_1=850$mm（5 个传感器）、第二断面 $z_2=650$mm（11 个传感器）、第三断面 $z_3=450$mm（11 个传感器）、第四断面 $z_4=250$mm（11 个传感器）、第五断面 $z_5=100$mm（4 个传感器）。传感器的布设遵循以下准则：压裂段在 z 轴方向上的区域 350~850mm，为主要监测区域，因此在压裂段初始位置（$z_1=850$mm）布设第一断面，在压裂段区域布设 2 个断面（$z_2=650$mm、$z_3=450$mm）；为监测压裂段区域以外的压裂裂缝扩展路径，布设 2 个断面（$z_4=250$mm、$z_5=100$mm）。由于压裂钻孔与实验箱体相对位置不变，所以仅需改变煤岩交界面及其上下 40mm 范围内传感器的位置，即可监测煤岩交界面及其他不同位置的水压力变化规律。图 3-16 为试件压裂钻孔层位 160mm 的传感器布设示意图，试验试件中传感器坐标的参数见表 3-4，其他两个试件内传感器的坐标参数也详见表 3-4。

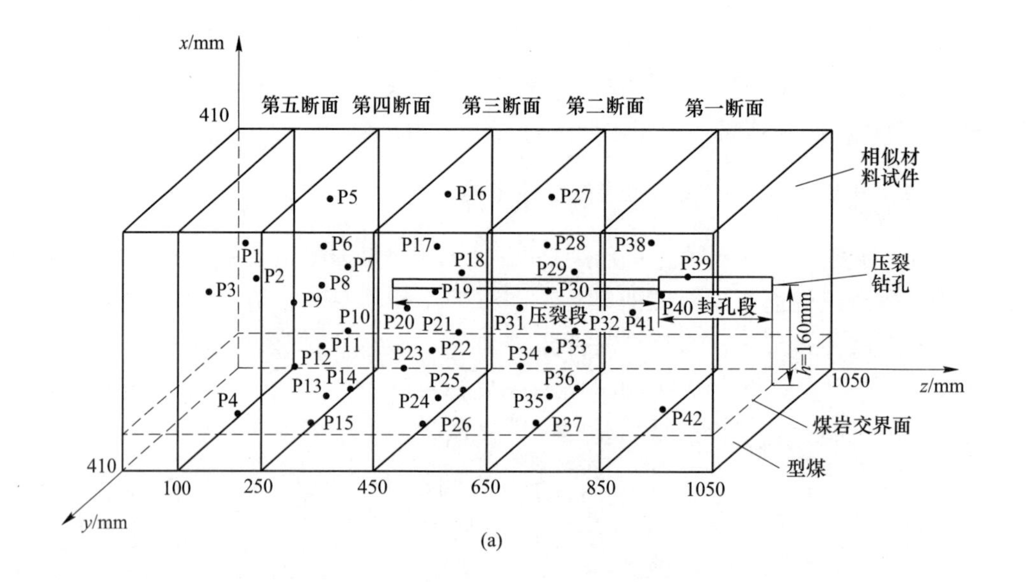

(a)

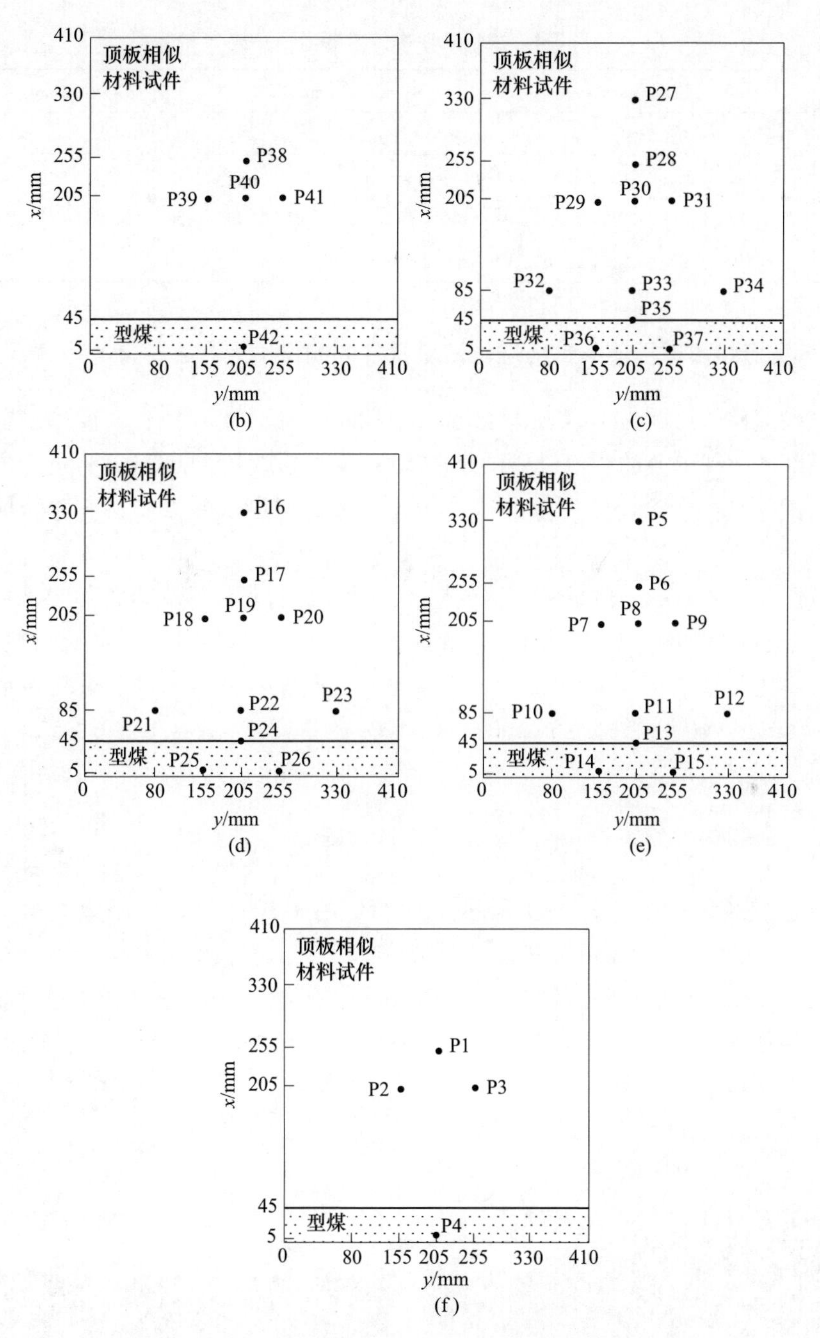

图 3-16 试件压裂钻孔层位 160mm 的传感器布设示意图

(a) 压裂钻孔层位为 160mm 时传感器位置示意图；(b) 第一断面；
(c) 第二断面；(d) 第三断面；(e) 第四断面；(f) 第五断面

表 3-4　试验试件中传感器坐标参数

<table>
<tr><td rowspan="2">压裂层位/mm</td><td colspan="6">层面/mm</td><td colspan="5">纵面/mm</td><td colspan="5">断面/mm</td></tr>
<tr><td>x_1</td><td>x_2</td><td>x_3</td><td>x_4</td><td>x_5</td><td>x_6</td><td>y_1</td><td>y_2</td><td>y_3</td><td>y_4</td><td>y_5</td><td>z_1</td><td>z_2</td><td>z_3</td><td>z_4</td><td>z_5</td></tr>
<tr><td>0</td><td>5</td><td>85</td><td>165</td><td>205</td><td>255</td><td>330</td><td rowspan="3">80</td><td rowspan="3">155</td><td rowspan="3">205</td><td rowspan="3">255</td><td rowspan="3">330</td><td rowspan="3">850</td><td rowspan="3">650</td><td rowspan="3">450</td><td rowspan="3">250</td><td rowspan="3">100</td></tr>
<tr><td>40</td><td>45</td><td>125</td><td>165</td><td>205</td><td>255</td><td>330</td></tr>
<tr><td>160</td><td>5</td><td>45</td><td>85</td><td>205</td><td>255</td><td>330</td></tr>
</table>

3.2.3　突出煤层顶板压裂钻孔层位试验试件的制作

试验试件的尺寸为 1050mm×410mm×410mm（长×宽×高），其成型过程分为上下两部分，即上方的相似材料试件、下方的型煤试件（见图 3-13）。上方的相似材料试件是在实验箱体外部浇铸成型，下方的型煤试件需要在实验箱体内部成型。

按照 4.1.3 节中相似材料配比成型上方的相似材料试件（以模拟突出煤层顶板），在成型试件的过程中，将压裂管预置在相似材料试件内，待相似材料试件脱模后将压裂管取出，养护 28d 后试件成型。型煤是将筛分过的煤粉按照配比为(40~60)：(60~80)：(80~100)：(>100)：石膏粉=23：12：6：52：7 倒入搅拌机，同时添加 3%乳白胶（3%指乳白胶的质量占煤粉总质量的百分比），搅拌均匀后装入实验箱体，经过成型压力机在 7.5MPa 的作用下稳压 90min，直至型煤试件完全成型[170]，如图 3-17（a）所示。然后将相似材料搅拌混合物均匀地铺设至型煤试件顶端，再使用航吊将相似材料试件放置于型煤上方，如图 3-17（b）所示。铺设相似材料搅拌混合物的目的是使相似材料试件与型煤试件充分结合，以防相似材料试件与型煤试件间的交界面形成弱面结构。最后采用高强度胶将压裂管装置黏结于相似材料试件的预置孔内，相似材料试件四周与实

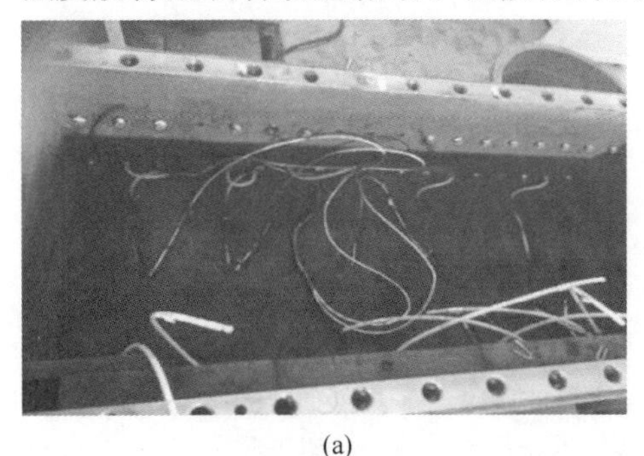

(a)

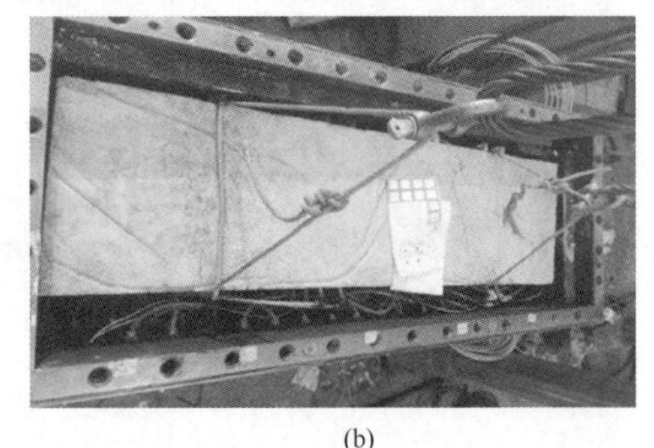

(b)

图 3-17　压裂试验试件[165-166]

（a）型煤成型；（b）试验试件成型

验箱体之间的间隙通过浇筑相似材料搅拌混合物进行填充。由于压裂管装置与实验箱体的相对位置无法改变，所以通过改变型煤试件的高度可达到模拟不同压裂钻孔层位的目的。表 3-3 中，压裂钻孔层位分别为 0mm、40mm、160mm，则对应的型煤试件高度依次为 205mm、165mm、45mm。

3.2.4 突出煤层顶板压裂钻孔层位试验结果分析

3.2.4.1 压裂钻孔层位为 40mm 的水力压裂试验结果分析

A 压裂钻孔层位为 40mm 的变形特征分析

为研究水力压裂试验过程中试件的变形特征，选取了压裂钻孔层位为 40mm 的试验结果，分析了Ⅰ区、Ⅱ区、Ⅲ区、Ⅳ区对应的水平方向、垂直方向液压杆作用下试件变形随时间的演化规律。如图 3-18 所示，以下（a）~（d）四幅图分别对应实验箱体四个区域的应变-时间关系曲线与水压-时间关系曲线。

对比图 3-18 中四个区域的应变曲线发现，在压裂段对应的Ⅱ区、Ⅲ区范围

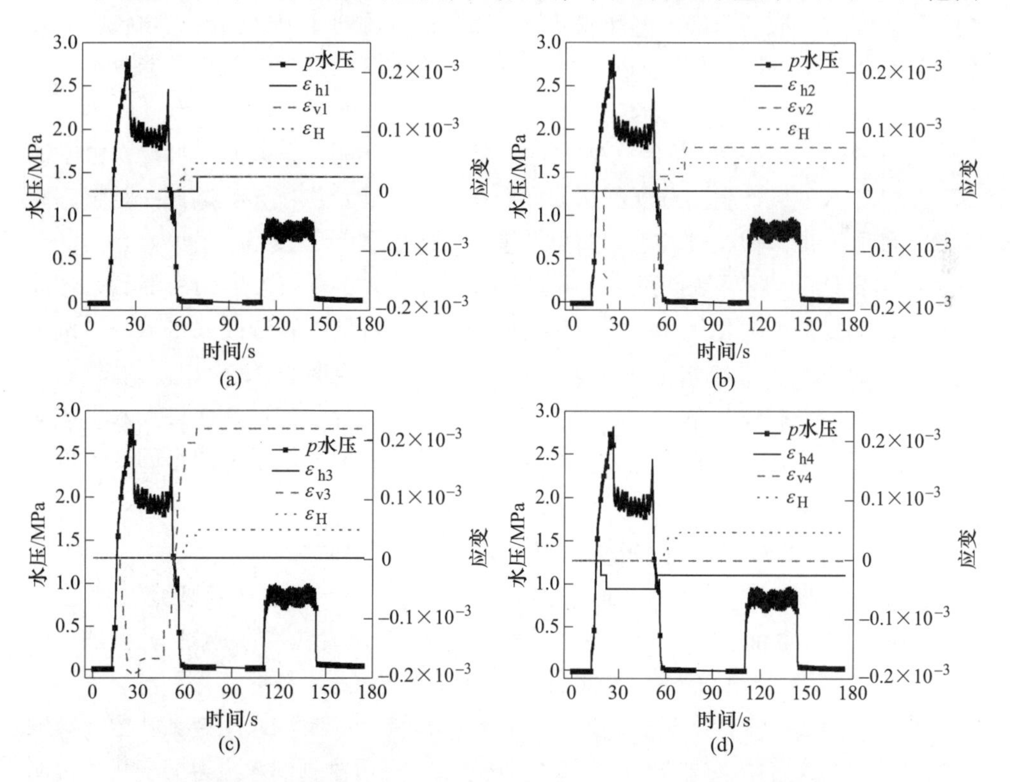

图 3-18 压裂钻孔层位为 40mm 的应变、水压与时间关系曲线

（a）Ⅰ区应变、水压与时间关系曲线；（b）Ⅱ区应变、水压与时间关系曲线；（c）Ⅲ区应变、水压与时间关系曲线；（d）Ⅳ区应变、水压与时间关系曲线

内的试件变形较为明显；在封孔段Ⅰ区及压裂段未到达的Ⅳ区，受压裂液作用的影响较小，试件的变形量较小。在第二次水力压裂时，由于破裂面已贯穿试件，压裂裂缝已完全成型，内部应力场较为稳定，试件几乎未发生变形。

由图3-18（a）可知，Ⅰ区在水平方向上的变形量大于垂直方向上的变形量，分析认为与三向应力值的大小、压裂裂缝扩展路径、压裂液排量有关，由于应力条件满足 $\sigma_H>\sigma_v>\sigma_h$，压裂裂缝在钻孔周围起裂且沿着垂直于最小水平主应力 σ_{h1} 方向扩展延伸，随着压裂液的持续泵注，压裂液进入已形成的压裂裂缝通道内，导致缝内净压力升高，对裂缝尖端、两端均产生反作用力，即在Ⅰ区的最小水平主应力 σ_{h1} 方向产生膨胀变形，所以垂向应力方向的变形量小于水平方向的变形量，垂向应力方向几乎未产生应变。

图3-18（b）为试件在Ⅱ区水平方向、垂直方向上的变形量，对比发现水平方向的变形量小于垂直方向的变形量。出现此现象的原因是Ⅱ区内产生了分支裂缝，通过分析剖开试件的破裂面形态特征发现，部分分支裂缝沿垂向应力 σ_{v2} 方向扩展，在垂向应力方向产生膨胀变形，破裂面与垂向应力之间的夹角较大，导致垂向应力方向的应变值增加，而水压力对水平主应力的影响较小，造成水平方向几乎未产生变形，所以垂向应力方向的变形量大于水平方向的变形量。

图3-18（c）表明，Ⅲ区水平方向的变形量小于垂直方向的变形量，由于该区为压裂段区域，产生的分支裂缝同样会在该区扩展延伸，导致试件在垂直方向上产生膨胀变形，但试件几乎未产生水平方向的膨胀变形。

由图3-18（d）可知，Ⅳ区水平方向的变形量大于垂直方向的变形量，与Ⅱ区、Ⅲ区的变形量变化规律不同。分析原因认为：Ⅳ区不在压裂段区域内，试件内的破裂面垂直于最小水平主应力方向扩展延伸，形成垂直缝，未产生分支裂缝，压裂裂缝形态较为单一。当压裂液持续泵注入试件内，试件在最大水平主应力方向膨胀，但几乎未在垂直方向产生膨胀变形，所以，水平方向上的变形量大于垂直方向的变形量。

B 压裂钻孔层位为40mm的压裂裂缝扩展路径分析

图3-19为第一、二、三断面上的27个传感器采集到的水压及裂缝扩展路径，第一断面、第二断面、第三断面在压裂段区域内，为压裂试验的重点监测区域。

根据水压力变化特征，对压裂裂缝扩展路径进行具体分析：

（1）图3-19（a）水压曲线表明，随着压裂液持续泵注入压裂钻孔内，第一断面（Ⅰ区内）的传感器P40、P42、P41、P39先后监测到水压力的变化，说明初始压裂裂缝在传感器P40附近产生后，压裂裂缝首先向下扩展进入型煤试件，然后压裂裂缝沿平行于 σ_{h1} 方向扩展，向钻孔两侧P41、P39方向扩展，如压裂裂缝扩展路径示意图所示。

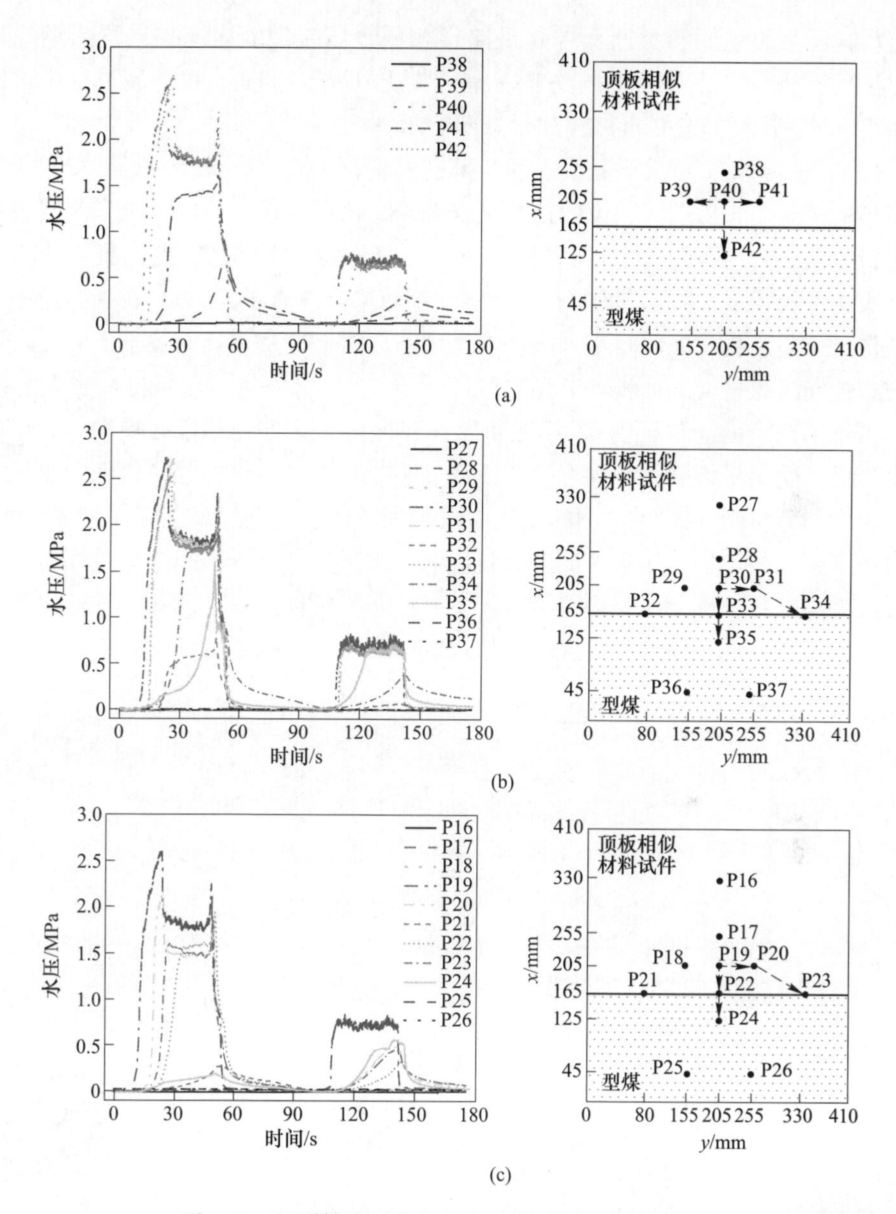

图 3-19 压裂钻孔层位为 40mm 的压裂裂缝扩展路径

(a) 第一断面水压曲线和压裂裂缝扩展路径示意图;

(b) 第二断面水压曲线和压裂裂缝扩展路径示意图;

(c) 第三断面水压曲线和压裂裂缝扩展路径示意图

图 3-19 彩图

(2) 图 3-19 (b) 水压曲线表明,第二断面(Ⅱ区内)的传感器 P30、P33、P31、P34、P32、P35 先后监测到水压力的变化,说明初始压裂裂缝在钻孔附近产生后，压裂裂缝同第一断面中扩展路径相同，压裂裂缝向下扩展进入型煤试件，然后压裂裂缝沿平行于 σ_{h2} 方向扩展，向 P31 方向扩展，在扩展过程中逐渐转向至 P34，压裂裂缝扩展路径如示意图所示。

(3) 图 3-19 (c) 水压曲线表明，第三断面 (Ⅲ区内) 的传感器 P20、P22 采集到的水压力先后上升，说明初始压裂裂缝在钻孔附近形成后，压裂裂缝不仅朝平行于 σ_{h3} 方向扩展，而且向下扩展至煤岩交界面。之后 P23 监测到水压力上升，表明平行于 σ_{h3} 方向扩展的压裂裂缝逐渐转向至垂直于 σ_{h3} 方向扩展，说明应力条件对压裂裂缝扩展路径起到决定性作用；之后 P24 的水压力逐渐上升，表明压裂裂缝穿过煤岩交界面进入了型煤试件。

由于第四断面 (Ⅳ区内)、第五断面 (Ⅳ区内) 未在压裂段区域内，所以前三个断面产生的压裂裂缝扩展至第四断面、第五断面时，传感器采集到的水压力也会上升。分析图 3-20 中监测的水压曲线发现，压裂裂缝扩展至煤岩交界面后，随着压裂距离的增加，压裂液的动力效应有所下降，部分压裂裂缝穿过煤岩交界面进入型煤试件，部分压裂裂缝沿煤岩交界面扩展延伸。综上所述，试件内布设的传感器采集到的水压变化可以准确地反映出压裂裂缝扩展路径。

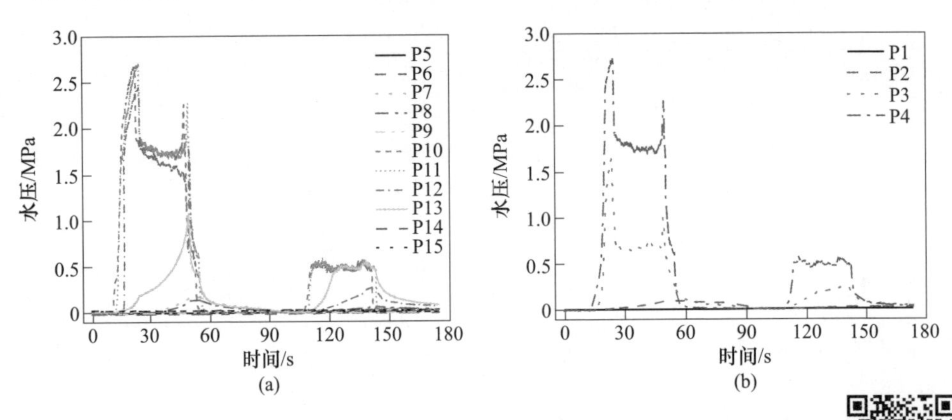

图 3-20　压裂钻孔层位为 40mm 的第四断面和第五断面水压曲线

(a) 第四断面水压曲线；(b) 第五断面水压曲线

图 3-20 彩图

C　压裂钻孔层位为 40mm 的压裂裂缝形态特征分析

水力压裂试验结束后，将压裂试件从实验箱体内取出，对其进行剖切，观察、分析相似材料试件的破裂面形态特征及裂缝扩展情况，试件破裂面及压裂裂缝形态如图 3-21 所示。

试验中压裂段在 z 轴方向上的区域为 350~850mm，主要在实验箱体的Ⅰ区、Ⅱ区、Ⅲ区内，如图 3-21 (a) 所示。由图 3-21 (b) 可知，水力压裂后形成两条主裂缝即压裂裂缝 1 和压裂裂缝 2，两条裂缝均沿 σ_H 方向扩展延伸，压裂裂缝

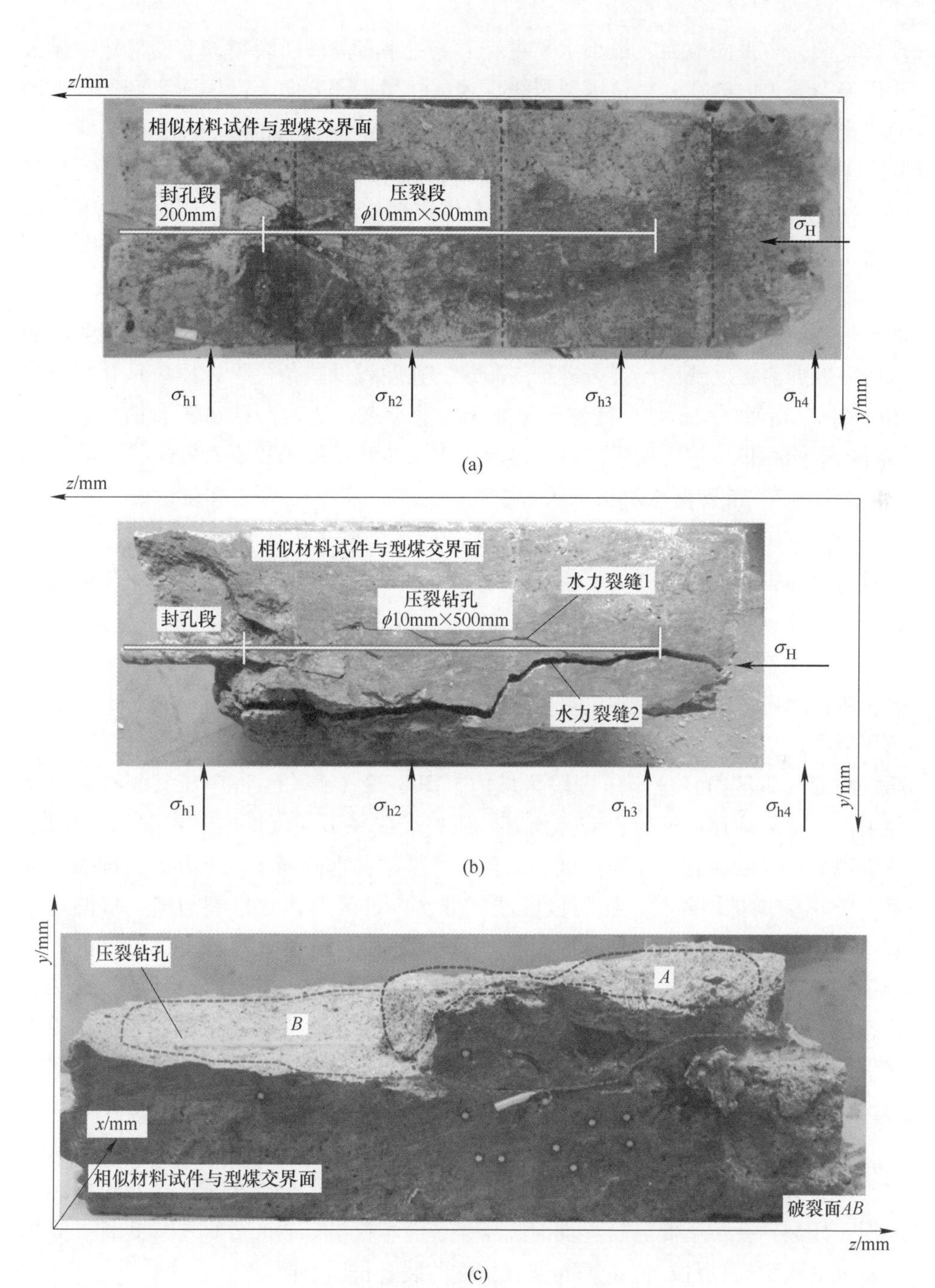

图 3-21 压裂钻孔层位为 40mm 的压裂裂缝形态特征

(a) 压裂后的试验试件；(b) 煤岩交界面压裂裂缝形态[166]；(c) 压裂试件破裂面 AB[165-166]

形态复杂，与垂向应力、最小水平主应力差值小有关。压裂裂缝 2 的缝宽明显大于压裂裂缝 1 的缝宽，复杂压裂裂缝导致试件在不同方向上产生膨胀变形，不同的压裂裂缝缝宽为解释不同区域内试件的变形特征提供了有力的支撑。图 3-21（c）中压裂试件破裂面表明，水力压裂主要产生了 *AB* 两个破裂面，破裂面 *AB* 均沿压裂钻孔方向开裂，压裂裂缝不仅在试件内部向上扩展，而且向下扩展沟通了型煤。

以上试验结果表明：压裂裂缝扩展路径、压裂裂缝是否沟通型煤试件，与断面上传感器监测的水压力变化规律表现出良好的一致性，再次说明传感器监测的水压力数据能够反映出压裂裂缝扩展路径。在题设试验条件下，压裂钻孔层位为 40mm 时，相似材料试件中能够产生复杂裂缝形态，压裂裂缝在压裂钻孔附近开裂且向下能够扩展进入型煤试件，可以为下一步瓦斯抽采提供有效运移通道。

3.2.4.2 压裂钻孔层位为 0mm、160mm 的压裂裂缝扩展路径分析

为分析压裂钻孔层位为 0mm、160mm 的压裂裂缝扩展路径，根据压裂钻孔层位为 40mm 的压裂裂缝扩展路径的分析方法（即通过断面上传感器采集的水压力变化规律，反映出压裂裂缝扩展路径），绘制了压裂钻孔层位分别为 0mm、160mm 的压裂裂缝扩展路径示意图，分别如图 3-22 和图 3-23 所示。

依据水压力随压裂时间的变化特征，得出压裂钻孔层位为 0mm 时不同断面的压裂裂缝扩展路径如图 3-22 所示。第一断面（Ⅰ区内）、第二断面（Ⅱ区内）、第三断面（Ⅲ区内）位于压裂段区域内，图 3-22（a）~（c）中压裂裂缝扩展路径表明，压裂钻孔位于煤岩交界面时，压裂裂缝在不同区域内的扩展路径类似，均表现为不仅沿煤岩交界面扩展，而且沿压裂钻孔垂向朝上、下开裂，即裂缝沿垂直于 σ_h 方向扩展延伸。压裂段区域（Ⅱ区、Ⅲ区）内，压裂裂缝扩展路径稍有不同，出现了不同程度的转向。图 3-22（d）中，虽然第四断面（Ⅳ区内）位于压裂段区域外，但是传感器 P5、P6、P7、P8、P11、P13 均采集到了水压力，传感器 P9 未采集到水压力，表明压裂液沿煤岩交界面流动到了第四断面，受Ⅳ区液压杆施加的应力作用，压裂裂缝沿压裂钻孔垂向开裂。

此外，位于型煤试件底端的传感器 P14、P15、P25、P26、P36、P37 均未采集到水压力的变化，表明压裂裂缝进入型煤试件后，压裂液的动力效应有所下降，压裂裂缝不易在塑性材料中扩展延伸，且未能产生分支裂缝。上述试验结果表明：压裂钻孔位于煤岩交界面时，压裂裂缝不仅沿煤岩交界面扩展延伸，且向下扩展进入型煤试件，但是进入型煤试件的裂缝长度有限。

根据水压力随压裂时间的变化特征，得到压裂钻孔层位为 160mm 时不同断面的压裂裂缝扩展路径如图 3-23 所示。图 3-23（a）表明，压裂裂缝沿压裂钻孔向下扩展进入了型煤试件。由图 3-23（b）和（c）可知，压裂段区域（Ⅱ区、

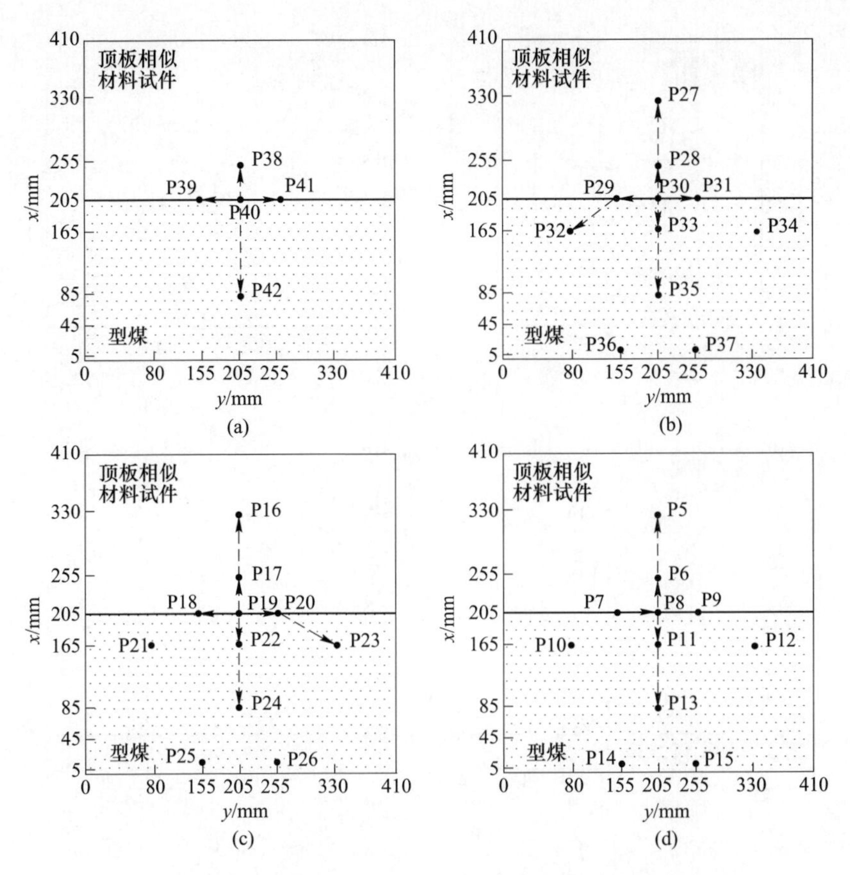

图 3-22 压裂钻孔层位为 0mm 的压裂裂缝扩展路径

（a）第一断面；（b）第二断面；（c）第三断面；（d）第四断面

Ⅲ区）内的压裂裂缝扩展路径相同，表现为部分裂缝向下扩展进入型煤后出现了转向，部分裂缝在相似材料试件内扩展时出现较大角度的转向，未沿垂直于 σ_h 方向扩展延伸，表明压裂裂缝受应力作用产生了分支裂缝，剖开压裂试件后的破裂面形态特征验证了此结论（详见图 3-25），复杂分支裂缝的产生和垂向应力、最小水平主应力较为相近且两者均远小于最大水平主应力有关。图 3-23（d）表明，第四断面与压裂区域距离较近，压裂裂缝扩展至该断面，但由于压裂液动力效应明显下降，压裂裂缝未能进入型煤试件。

上述试验结果表明：压裂钻孔层位为 160mm 时，压裂裂缝在相似材料试件内以及进入型煤试件的扩展路径主要由应力条件决定，在型煤试件内的延伸距离与压裂液排量有关。

3.2.4.3 压裂钻孔层位为 0mm、160mm 的压裂裂缝形态特征分析

水力压裂试验结束后，将压裂试件从实验箱体内取出，对相似材料试件、型

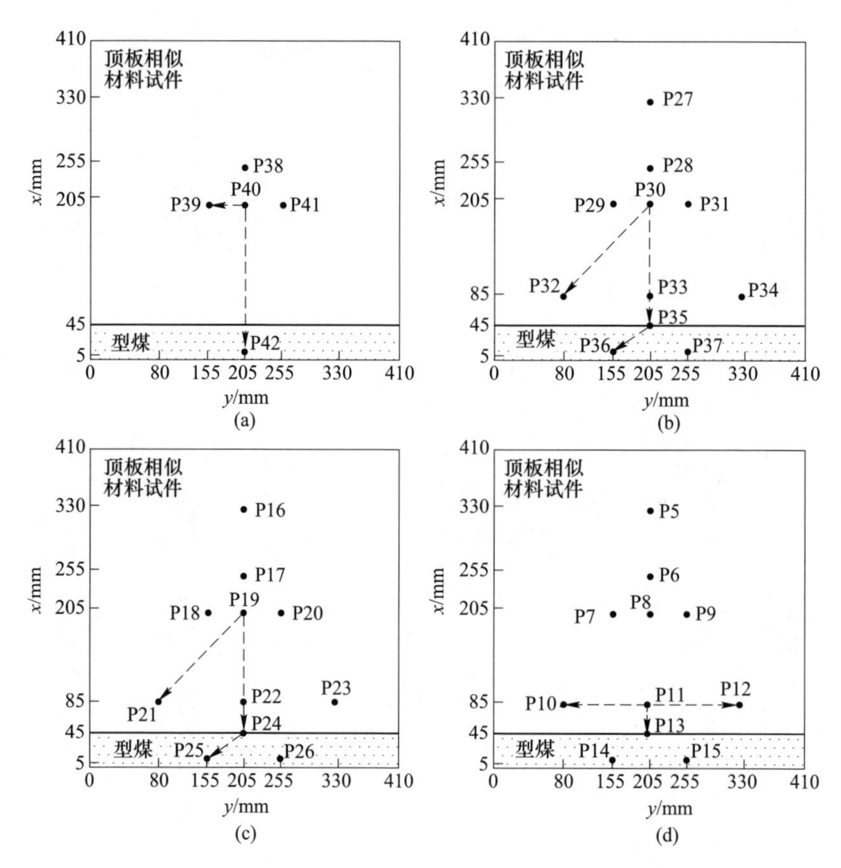

图 3-23　压裂钻孔层位为 160mm 的压裂裂缝扩展路径

（a）第一断面；（b）第二断面；（c）第三断面；（d）第四断面

煤试件的破裂面及裂缝形态特征进行分析，压裂钻孔层位为 0mm、160mm 的破裂面及裂缝形态分别如图 3-24 和图 3-25 所示。

由图 3-24（a）和（b）可知，当压裂钻孔位于煤岩交界面时，压裂裂缝不仅向上扩展至相似材料试件顶端，而且向下扩展进入了型煤试件，进入型煤试件后的压裂裂缝扩展路径具体如图 3-22 所示。图 3-24（c）中，压裂裂缝未沿平行于压裂钻孔方向扩展延伸，而是与压裂钻孔存在夹角，即与最大水平主应力存在夹角。由图 3-24（d）可知，在Ⅱ区、Ⅲ区、Ⅳ区内的试件破裂面（平行于 *xz* 面）较为平滑，压裂裂缝在Ⅰ区（封孔段）内产生转向裂缝，破裂面转向垂直于 σ_{v1} 的液压杆方向开裂。Ⅰ区内，压裂裂缝从压裂钻孔扩展至相似材料试件顶端的过程中，试件破裂面与 *yz* 面之间的夹角逐渐减小为锐角，表明压裂试件在垂向应力方向产生了明显的膨胀变形。

由图 3-25（a）和（b）可知，相似材料试件压裂后，沿压裂钻孔开裂形成

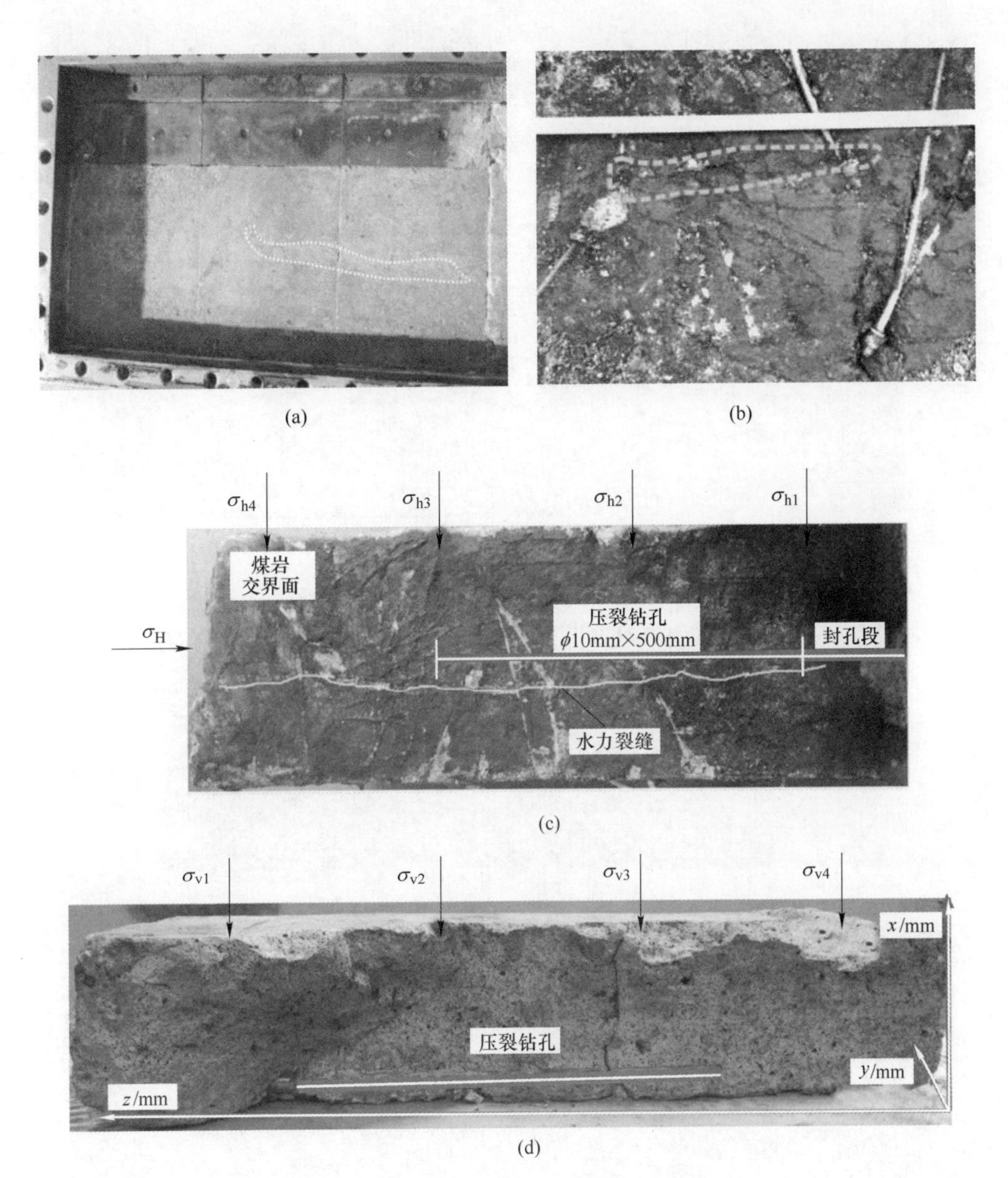

图 3-24 压裂钻孔层位为 0mm 的压裂裂缝形态

（a）相似材料试件顶端压裂裂缝；（b）型煤试件顶端压裂裂缝[166]；
（c）相似材料试件底端压裂裂缝[166]；（d）压裂试件破裂面[165-166]

了破裂面 1、破裂面 2。图 3-25（a）和（c）均为同一破裂面 1，破裂面 1 与 xz 面之间的夹角为 60°左右，破裂面 1 端面产生了 3 条不同扩展路径的压裂裂缝，分析认为：垂向应力与最小水平主应力相近，且两者远小于最大水平主应力，因此试验条件下试件内产生了复杂裂缝形态。图 3-25（d）中压裂裂缝 1、压裂裂缝 3 表明，相似材料试件在垂直方向、水平方向均形成了压裂裂缝。图 3-23 中压裂裂缝扩展路径示意图表明，压裂裂缝进入型煤试件后发生了转向，结合图 3-25（c）中压裂裂缝形态可知，发生转向的压裂裂缝为破裂面 1 中 AB 结合面的压裂裂缝 1。

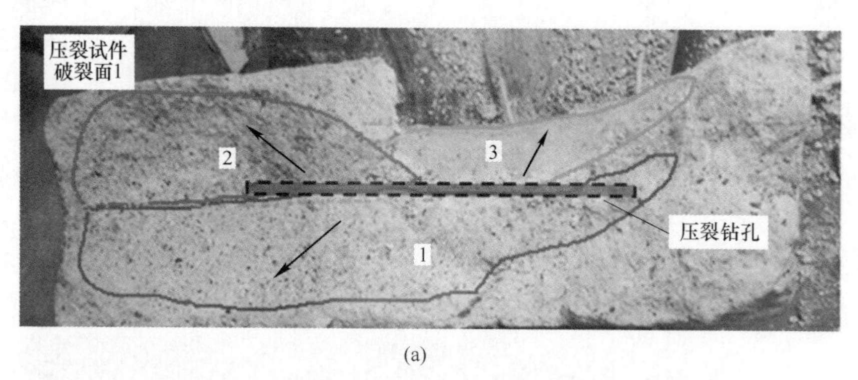

(a)

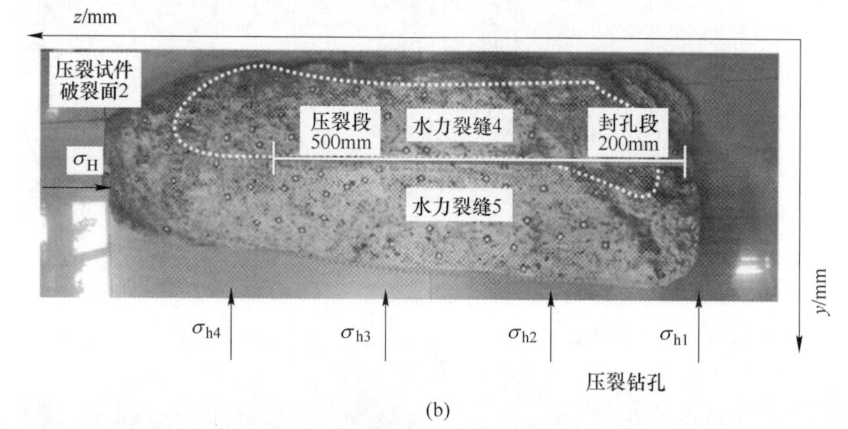

(b)

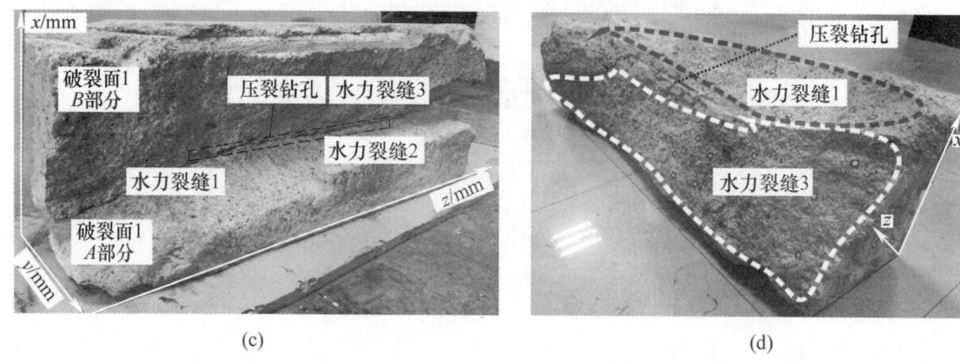

(c)　(d)

图 3-25　压裂钻孔层位为 160mm 的压裂裂缝形态

（a）破裂面 1；（b）破裂面 2；（c）破裂面 1 端面压裂裂缝形态[165-166]；（d）破裂面 1 局部压裂裂缝形态

为研究压裂钻孔层位对相似材料试件中压裂裂缝能否沟通型煤试件的影响，开展了突出煤层顶板压裂钻孔层位模拟试验，分析了压裂后压裂裂缝的扩展延伸规律，结合传感器采集的水压力反映了压裂裂缝扩展路径。试验结果表明：压裂裂缝在钻孔附近起裂，在相似材料试件中扩展延伸，不同压裂钻孔层位作用下的压裂裂缝进入型煤试件的压裂范围有所不同。通过对比分析三个压裂钻孔层位的压裂裂缝形态可知，当压裂钻孔层位与型煤试件的距离为160mm时，压裂裂缝主要在相似材料试件中扩展延伸，在试验应力条件下形成了复杂的压裂裂缝形态，转向裂缝与型煤试件之间的夹角较大，压裂裂缝沟通型煤试件的范围有限，虽然能够起到卸压增透的效果，但是大角度的压裂裂缝延长了瓦斯运移距离；当压裂钻孔层位与型煤试件的距离为0mm时，相似材料试件中的压裂裂缝沿着煤岩交界面扩展或穿过煤岩交界面进入型煤试件，但是由于压裂液不易在塑性材料中扩展延伸，型煤试件中的压裂裂缝扩展长度有限，同样会影响最终的瓦斯抽采效果。

综上所述，通过开展突出煤层顶板压裂钻孔层位模拟试验，发现压裂钻孔层位不同，在突出煤层顶板中形成的压裂裂缝形态不同，沟通煤层的范围有所差异，有效的压裂裂缝可以为煤层中瓦斯抽采提供运移通道。

3.3 煤储层裂缝网络结构形成机制分析

常规压裂基于线弹性断裂力学，假设压裂裂缝主要为张开型起裂，压裂裂缝尖端应力强度因子 K_I 超过煤岩体的张性裂缝断裂韧性 K_{Ic}，裂缝开始起裂[171-172]。常规压裂产生的裂缝以垂直缝为主，其渗透性较差，而缝网改造技术可形成裂缝网络结构，进而极大地提高压裂地层的渗透性。变排量是实现煤储层缝网改造技术的有效途径，可以对煤储层反复刺激，形成复杂裂缝[67]。增大压裂液排量形成径向引张裂缝，降低压裂液排量形成周缘引张裂缝，与剪切裂缝沟通，有利于形成裂缝网络结构[67]。

缝网改造的目的是在水力压裂过程中，形成一条或多条水力压裂主裂缝，最终在压裂地层中形成由压裂主裂缝与多级天然裂缝相交错的裂缝网络结构，从整体上提升压裂地层自身的渗透性，增加产气量及最终采收率。结合上述试验结果可知，煤储层缝网改造的影响因素包括：

（1）煤储层内部广泛发育、成组的天然裂缝、节理与层理等非均质性，是缝网改造技术的必要条件。通过对比图3-8中压裂前、后的煤岩压裂裂缝，发现分支裂缝沿天然裂隙扩展，形成了复杂压裂裂缝形态。因此，在压裂地层中进行缝网改造时，压裂主裂缝会沟通不同发育程度、不同发育方向的原始天然裂缝、节理等结构弱面，以形成大范围的裂缝网络结构，压裂裂缝扩展规律如图3-26

所示。裂缝网络结构的范围与天然裂缝的发育程度和发育方向息息相关，天然裂缝发育程度越高，且与最小水平主应力方向相同，则越利于形成裂缝网络结构。

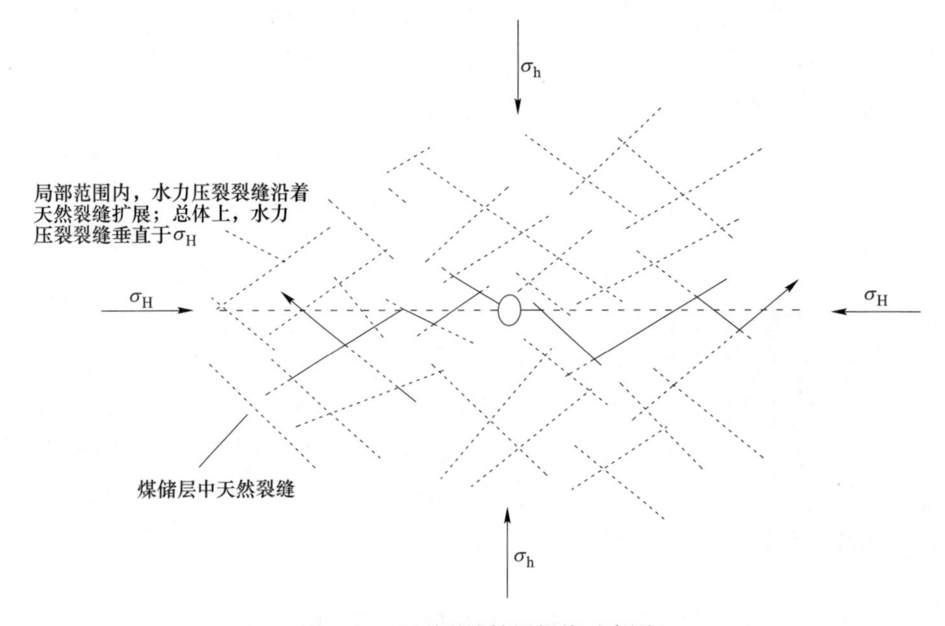

图 3-26　压裂裂缝扩展规律示意图

（2）水平主应力差小是形成裂缝网络结构的有利条件。结合图 3-4（c）可知，σ_{H1}、σ_{H2}作用的区域分别对应σ_{v1}、σ_{v2}作用的区域。图 3-8（b）~（d）中σ_{H1}作用区域的压裂裂缝比σ_{H2}作用区域的压裂裂缝形态复杂，分析认为：压裂裂缝形态复杂程度与主应力差（$\sigma_{H1}-\sigma_h$）小于主应力差（$\sigma_{H2}-\sigma_h$）相关。水力压裂主裂缝总是趋于最大主应力方向扩展延伸，高水平主应力差作用下易形成单一的平直裂缝，低水平主应力差作用下有利于形成裂缝网络结构。因此，在煤储层中进行压裂改造时，地应力大小及方位对压裂裂缝的起裂方位、裂缝形态有着十分重要的影响。此外，煤岩力学参数、压裂液排量、煤层厚度、施工压力、压裂液性能、支撑剂类型等也会影响裂缝网络结构的形成。

由上述分析可知，突出煤层顶板分段压裂时的水平主应力差决定了水力压裂主裂缝的扩展路径，高水平主应力差条件下能够获得更长的压裂裂缝，有利于裂缝穿过煤岩交界面进入煤层。但是过高的水平主应力差作用下，容易形成单一缝，不利于形成裂缝网络结构；过低的水平主应力差作用下，压裂液被多条天然裂缝捕获，压裂液分流，形成多分支缝后，缝内净压力下降，缝长变短，缝宽变窄，也不利于形成裂缝网络结构。因此，过高或过低的水平主应力差都不利于形成最优裂缝网络结构。

4 突出煤层顶板压裂裂缝扩展数值模拟研究

突出煤层顶板分段压裂作为一项针对低渗、超低渗突出煤层煤层气抽采的有效技术手段，压裂裂缝起裂、扩展及其形态特征对分段压裂设计具有十分重要的意义，但压裂裂缝的起裂、扩展是一个复杂的演化过程，同时压裂地层是非均质、非透明的材料，现阶段对突出煤层顶板分段压裂裂缝起裂、扩展和裂缝形态尚不是十分清楚，且缺乏准确有效的现场监测手段，导致压裂施工参数的设计和选择具有盲目性。因此，突出煤层顶板分段压裂裂缝的扩展规律有待进一步研究。同时由于现场突出煤层的应力值高于顶板岩层的应力值，还给顶板中压裂裂缝向下扩展至煤层以建立煤层气的运移通道带来了不利影响。为实现煤层顶板中压裂裂缝与煤层相沟通，必须在储层赋存条件的基础上，通过采用有效的体积改造压裂技术，形成裂缝网络结构。因此，亟需对影响突出煤层顶板形成裂缝网络结构、裂缝穿越煤岩交界面的关键因素进行模拟分析。

研究表明[77,120,148]，突出煤层顶板内压裂裂缝能否穿过煤岩交界面进入煤层，主要与地应力、岩层弹性模量有关，但是相关的数值模拟研究少有报道。鉴于此，本章基于现场地应力、顶底板岩性特征，运用 $RFPA^{2D}$-Flow 数值模拟软件，分析了最小水平主应力、应力比、压裂岩层、岩层间弹性模量对突出煤层顶板分段压裂裂缝扩展路径及压裂效果的影响，揭示了压裂目标层及围层间压裂裂缝的起裂及扩展规律，研究结果可为突出煤层顶板分段压裂设计技术参数的选取提供理论依据和数据支撑。

4.1 最小水平主应力对压裂裂缝扩展的影响

由图 2-7 可知，压裂层位所在的砂岩段的应力值低于底部煤层的应力值，因此，本节开展了相同水平主应力差、不同最小水平主应力条件下的数值模拟试验。

实测地应力值（见表 2-1）表明，水平井压裂深度在 480m 左右，三向应力中垂向应力值最小，压裂易于形成水平缝。结合地应力实测值可计算得出，储层垂深为480m时的最大水平主应力约为14MPa，垂向应力约为9MPa，最小水平主应力约为12MPa。

4.1.1　模型参数设置

实际压裂岩层为中砂岩，通过对地层赋存条件、物性特征进行简化，所构建模型的力学参数见表4-1，建立300m×300m的矩形模型，划分成300×300＝90000单元格，压裂孔形状相同。模型选用围压加载，平面简化模型为平面应变模型，模型应力参数见表4-2。其中水平方向为σ_H方向，竖直方向为σ_h方向（下同）。钻孔内初始水压为10MPa，每步递增0.2MPa。

表4-1　数值模拟模型的力学参数

参数名称	参数值
均值度 m	3
抗压强度 σ_c/MPa	90
弹性模量 E/GPa	25
泊松比 ν	0.22
内摩擦角 ϕ/(°)	50
压拉比 T	18
渗透系数 k/m · d^{-1}	0.01
孔隙水压力系数 α	1

表4-2　数值模型应力参数

参数名称	参数值		
最大水平主应力 σ_H/MPa	11	14	17
最小水平主应力 σ_h/MPa	6	9	12

4.1.2　数值模拟结果分析

由图4-1可知，水平主应力差固定为5MPa，当最小水平主应力分别为6MPa、9MPa、12MPa，模型开始破裂的步数分别为第8步、第35步、第57步，对应的起裂压力分别为11.6MPa、17.0MPa、21.4MPa，模型失稳的步数依次为第11-9步、第41-14步、第63-12步。模拟结果表明：水平主应力差为定值时，起裂压力、起裂时间随最小水平主应力的增大而增大。

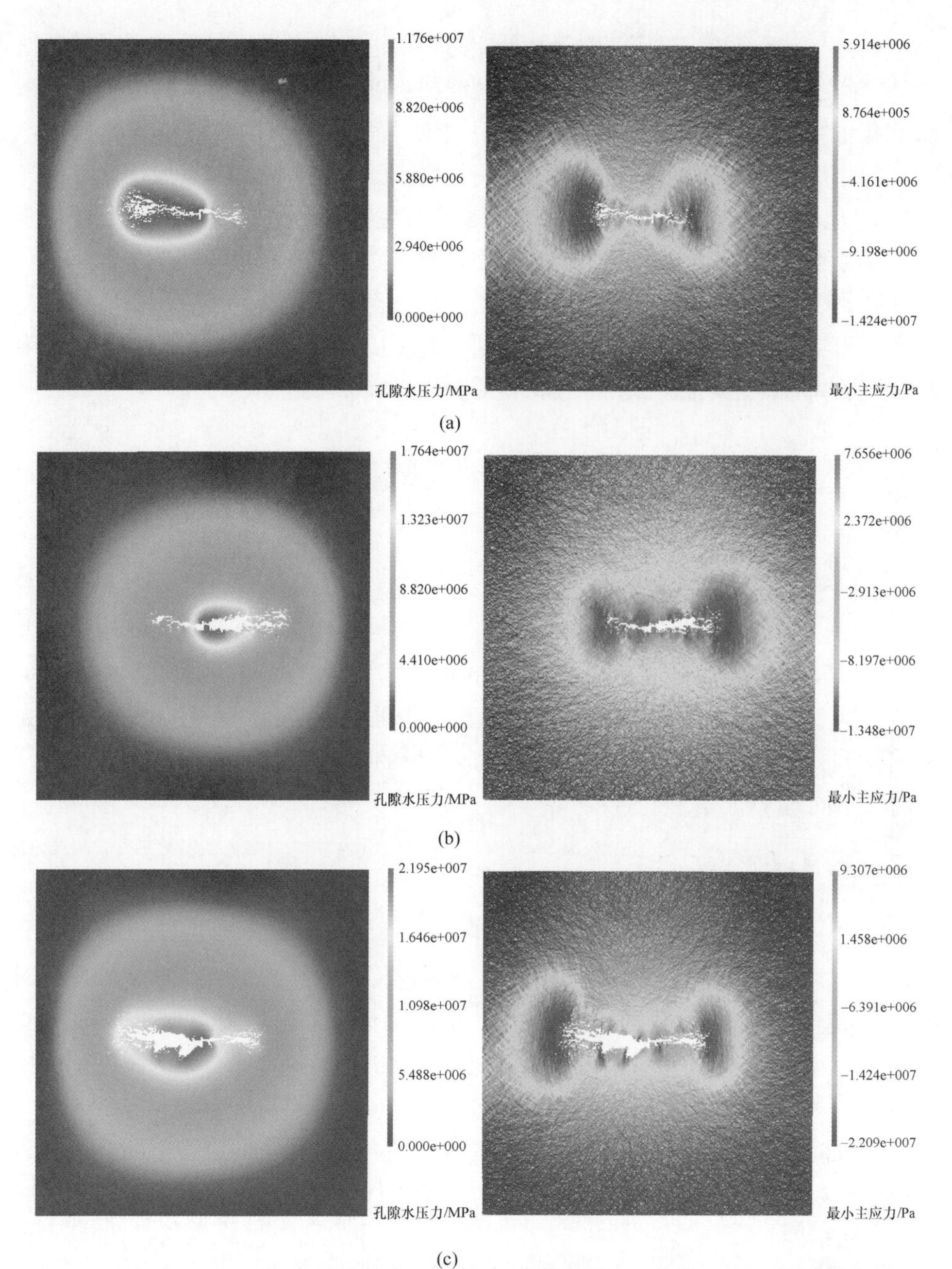

图 4-1 数值模型孔隙水压力图及最小主应力图

（a）第 11-5 步，试验应力 $\sigma_H=11$MPa，$\sigma_h=6$MPa；

（b）第 41-6 步，试验应力 $\sigma_H=14$MPa，$\sigma_h=9$MPa；

（c）第 63-9 步，试验应力 $\sigma_H=17$MPa，$\sigma_h=12$MPa

图 4-1 彩图

由上述分析可知，当压裂裂缝从低应力地层进入高应力地层后，在高应力地层中扩展的临界水压升高，将影响压裂裂缝的扩展，此时需要更大的施工排量来维持压裂裂缝的进一步扩展延伸。图 4-1 中压裂孔左右两侧的压裂裂缝长度不一，说明优势裂缝一旦形成，压裂裂缝将倾向于朝优势裂缝方向扩展延伸，而另一侧压裂裂缝的扩展将会受限，除非压裂液排量瞬间增大，缝内净压力显著升高，否则延迟扩展甚至停止扩展的压裂裂缝将一直处于停滞状态。

图 2-7 中煤层应力高于顶板压裂层位所在的砂岩段应力，若压裂裂缝从砂岩段穿过煤岩交界面进入下部煤层后，煤层的起裂压力升高，则压裂裂缝在煤层中的扩展距离将会受到限制，存在无法压穿突出煤层的可能性。

4.2 应力比对压裂裂缝扩展的影响

4.2.1 模型参数设置

压裂层为中砂岩时，通过对地层赋存条件、物性特征进行简化，所构建模型的力学参数同表 4-1，建立 300m×300m 的矩形模型，划分成 300×300＝90000 单元格。模型选用围压加载，平面简化模型为平面应变模型。钻孔内初始水压为 10MPa，每步递增 0.5MPa。应力比“A/B”中的 A 指向水平方向，B 指向竖直方向（下同）。

4.2.2 数值模拟结果分析

由图 4-2 可知，随着应力比 σ_H/σ_h 的增大，压裂裂缝由垂直缝转变为水平缝。当 $\sigma_H/\sigma_h=1$，压裂裂缝扩展路径复杂多变，裂缝形态弯曲，形成了裂缝网络结构，如图 4-2（b）所示。应力比 σ_H/σ_h 从 1.5 增大至 3，压裂裂缝沿 σ_H 方向演化扩展，压裂裂缝宽度逐渐减小，说明单一裂缝时的应力比与裂缝宽度呈反比例关系。

模拟结果表明：在诱导应力影响的局部区域内，如果三向应力中的两个应力差值小或两个应力方向相近，则压裂裂缝可能朝任意方向随机扩展，有利于形成裂缝网络结构。

突出煤层顶板开展分段压裂过程中，压裂裂缝附近局部区域内产生诱导应力，受诱导应力叠加作用的影响，原地应力中的最大应力方向可能发生转向。由压裂裂缝扩展规律与 σ_H 的关系可知，压裂裂缝沿最大应力方向演化扩展，最大应力方向发生转向后，压裂裂缝扩展路径也会因此发生转向，不再沿原先最大应力方向扩展，裂缝形态将变得复杂多变。因此，通过在突出煤层顶板开展分段压裂作业，如果局部范围内形成的诱导应力能够致使三向应力中的两个应力值变得接近，则更有利于形成裂缝网络结构。

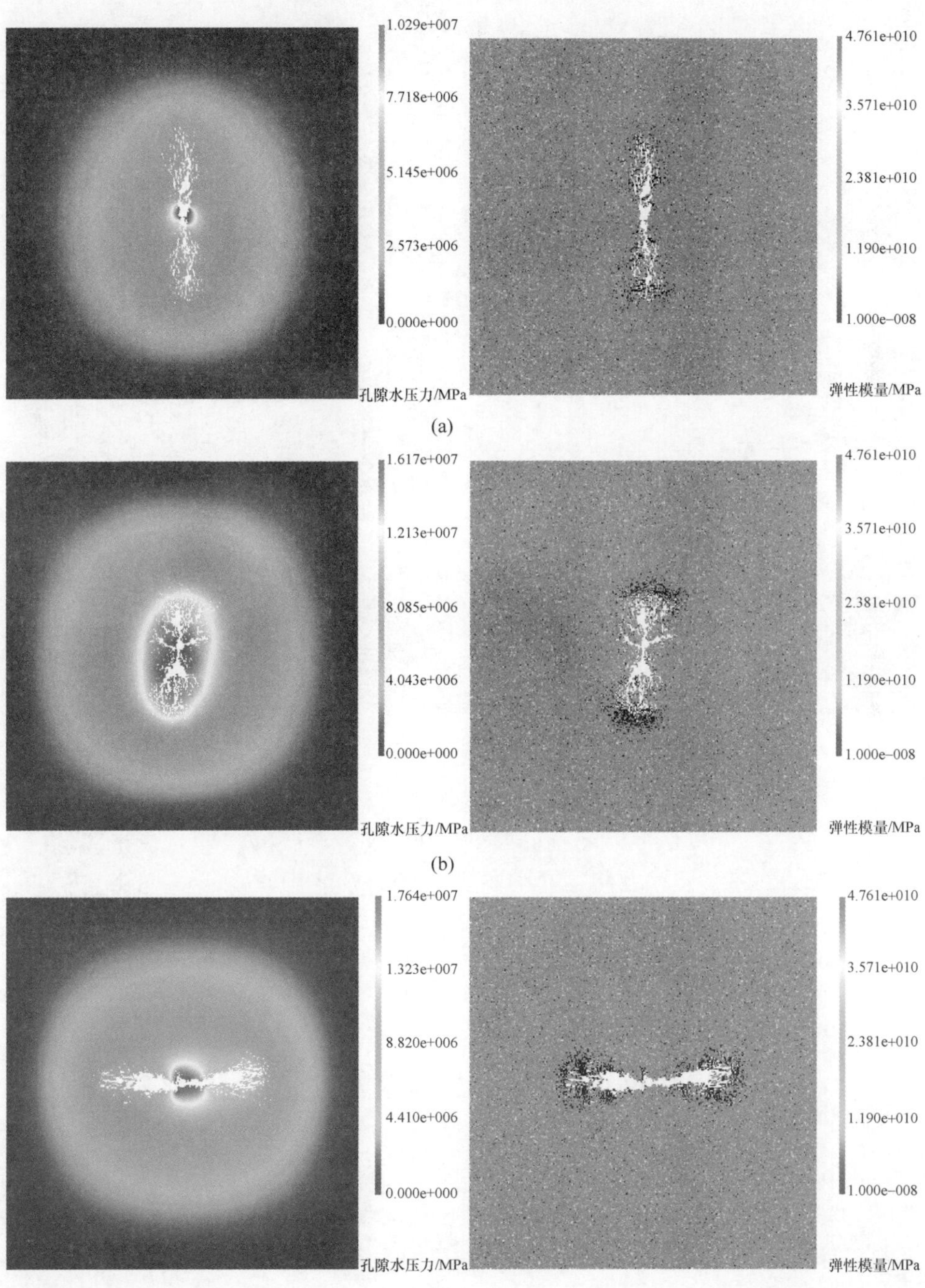

(a)
(b)
(c)

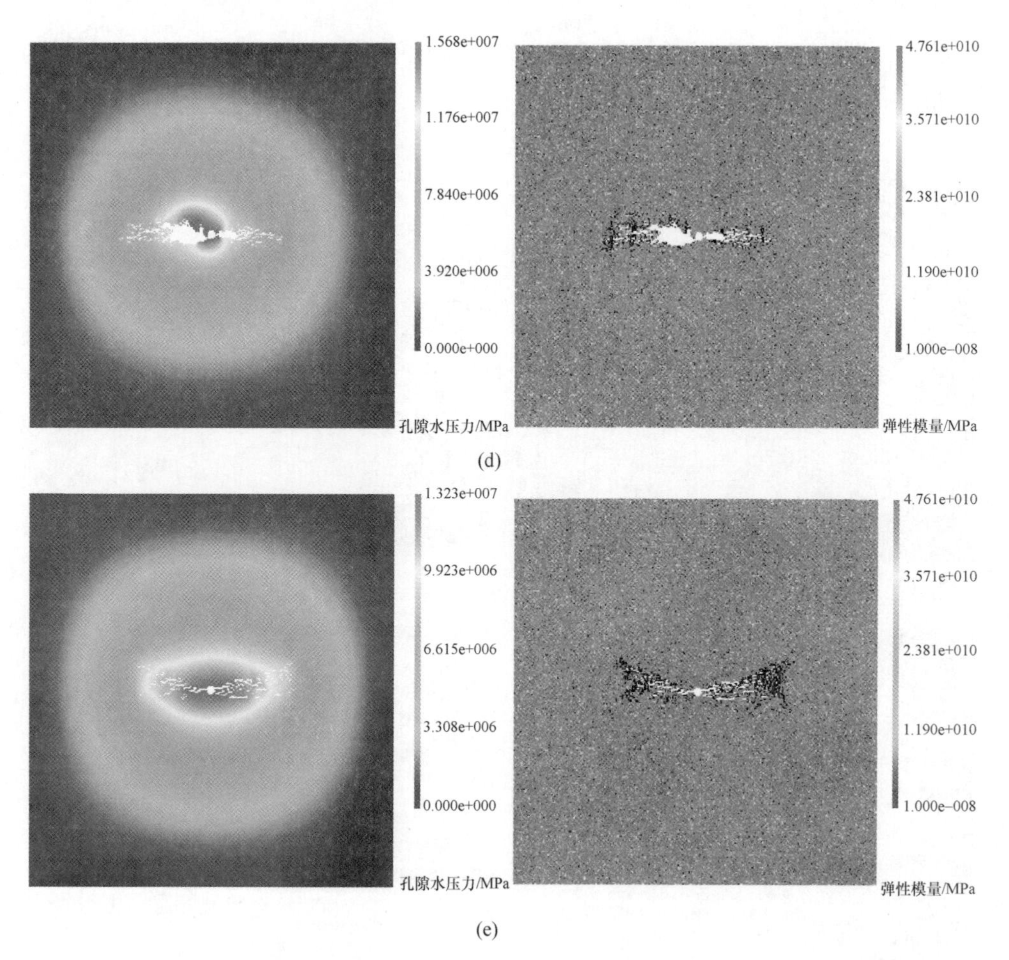

图 4-2 数值模型孔隙水压力图及弹性模量图

（a）应力比 $\sigma_h/\sigma_H=4.5\text{MPa}/9\text{MPa}=0.5$，第 2-13 步；

（b）应力比 $\sigma_H/\sigma_h=9\text{MPa}/9\text{MPa}=1$，第 14-11 步；

（c）应力比 $\sigma_H/\sigma_h=13.5\text{MPa}/9\text{MPa}=1.5$，第 17-9 步；

（d）应力比 $\sigma_H/\sigma_h=18\text{MPa}/9\text{MPa}=2$，第 13-12 步；

（e）应力比 $\sigma_H/\sigma_h=27\text{MPa}/9\text{MPa}=3$，第 8-17 步

图 4-2 彩图

4.3 岩层间弹性模量对压裂裂缝扩展的影响

突出煤层顶板中压裂裂缝能否进入相邻岩层，与岩层间弹性模量有关[146,173-178]，本节通过模拟无伪顶情况下岩层间弹性模量对压裂裂缝扩展路径的影响，定性地分析了压裂裂缝扩展特征，以期为突出煤层顶板压裂岩层的选取提供参考。

4.3.1 模型参数设置

本节建立 300m×300m 的矩形模型，划分成 300×300=90000 个单元格，模型中心位置的压裂孔半径为 0.3m，钻孔内初始水压为 10MPa，每步递增 0.5MPa，如图 4-3 所示。模型选用围压加载，所建数值模型的力学参数见表 4-3，平面简化模型为平面应变模型，围压应力参数为：模型垂向上加载应力 $\sigma_v=14MPa$，侧向上加载应力 $\sigma_H=9MPa$。

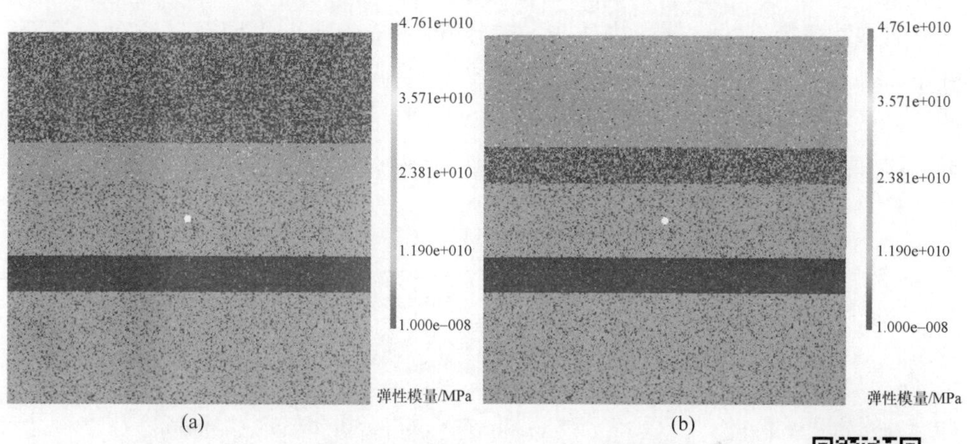

图 4-3 不同模型的弹性模量示意图
(a) 模型 1；(b) 模型 2

图 4-3 彩图

表 4-3 数值模拟模型的力学参数

参数名称	中砂岩	砂质泥岩	泥岩	软煤
均值度	3	3	3	3
抗压强度/MPa	90	72	15	2
弹性模量/GPa	25	13	8	5
泊松比	0.22	0.31	0.31	0.33
残余强度系数	0.1	0.1	0.1	0.1
孔隙水压力系数	1	1	1	1

根据现场突出煤层围岩岩性特征，将模型分为 5 层，岩层厚度依次为 9m、3m、6m、3m、9m，压裂孔与上下相邻岩层的间距相同。本节共构建 2 个模型：模型 1 由上向下依次为泥岩、中砂岩、砂质泥岩、软煤、砂质泥岩；模型 2 由上向下依次为中砂岩、泥岩、砂质泥岩、软煤、砂质泥岩。

4.3.2 数值模拟结果分析

（1）模型 1 数值模拟结果分析：图 4-4（a）表明，在钻孔内部水压的作用下，模型 1 于第 29-1 步开始有明显的裂纹产生。随着水压的持续作用，压裂裂缝向垂向应力（上下）方向扩展延伸。图 4-4（b）中，压裂孔与上下相邻岩层的间距相同，压裂裂缝在第 36-1 步扩展进入下相邻岩层，该现象说明压裂裂缝更容易倾向于往低弹性模量岩层扩展延伸。压裂裂缝于第 39-3 步向上扩展至上相邻岩层，在第 39-4 步有明显的憋压现象，分析认为与砂质泥岩弹性模量小于中砂岩弹性模量有关。软煤中压裂裂缝于第 39-7 步向下扩展至砂质泥岩表面，在第 39-8 步产生明显的憋压现象，分析认为与下方砂质泥岩弹性模量大于软煤弹性模量有关。中砂岩中压裂裂缝于第 39-13 步向上扩展进入泥岩，模型 1 在第 39-18 步之后由上方率先破坏，模型 1 破坏后停止计算。

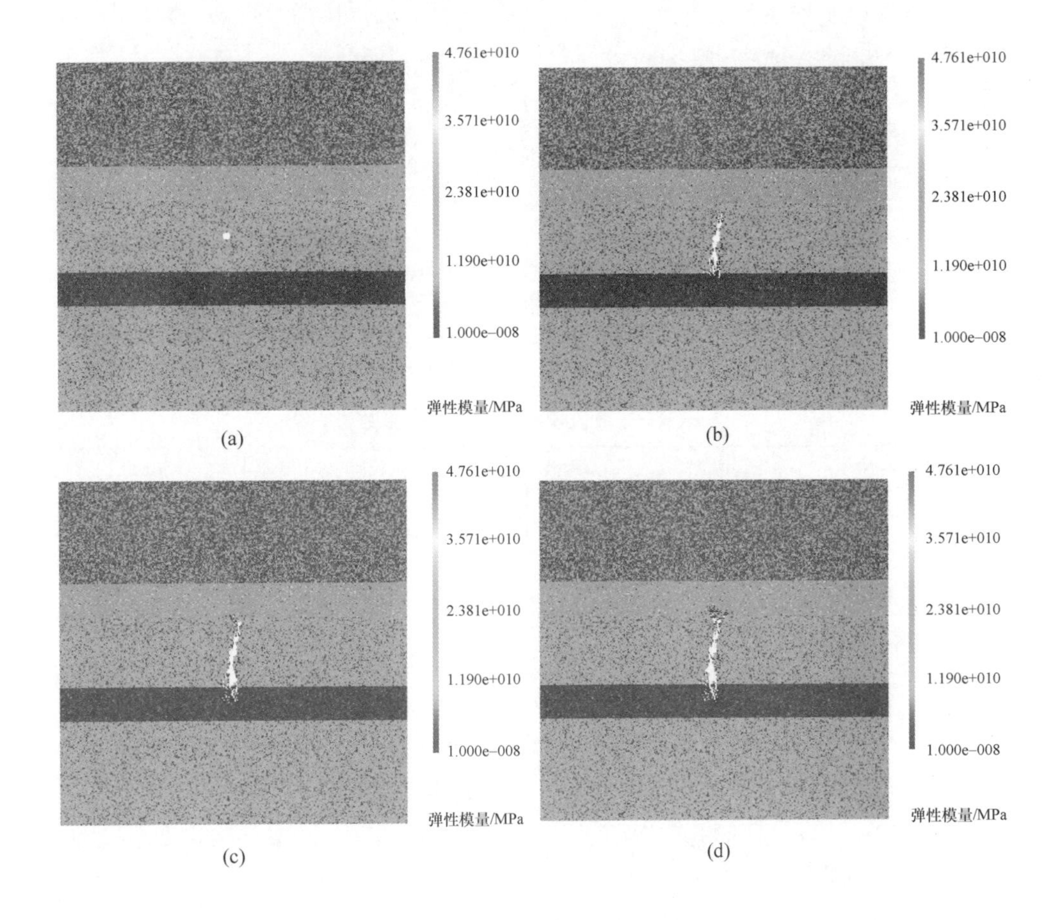

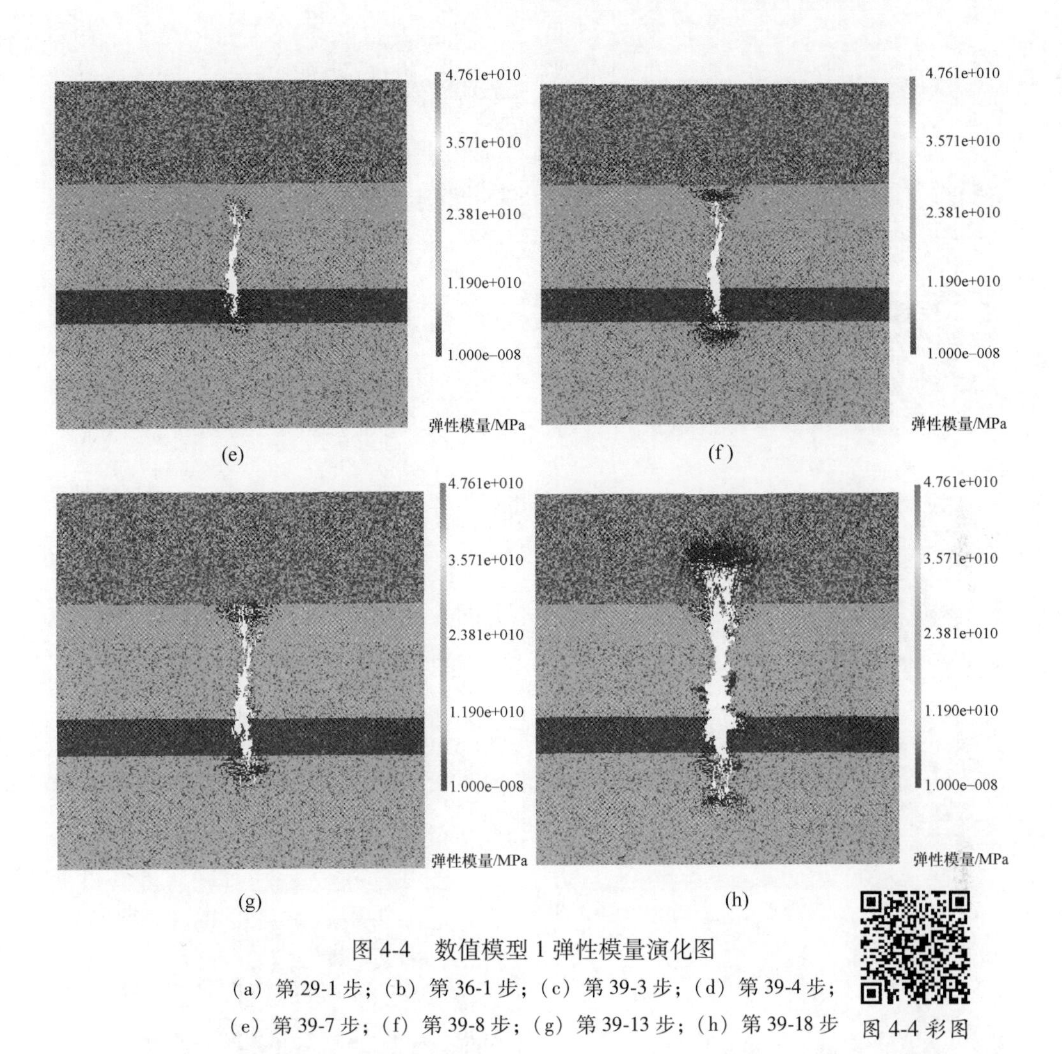

图 4-4 数值模型 1 弹性模量演化图

(a) 第 29-1 步；(b) 第 36-1 步；(c) 第 39-3 步；(d) 第 39-4 步；(e) 第 39-7 步；(f) 第 39-8 步；(g) 第 39-13 步；(h) 第 39-18 步

由数值模型 1 的模拟试验结果可知，若压裂裂缝由低弹性模量岩层扩展至高弹性模量岩层界面，则需要更高的施工压力，压裂裂缝才有可能进入高弹性模量岩层，不利于压裂裂缝穿层扩展；反之，压裂裂缝则较容易穿过交界面扩展进入相邻岩层。

(2) 模型 2 数值模拟结果分析：图 4-5 (a) 中，模型 2 在水压作用下于第 29-1 步开始起裂。图 4-5 (b) 中，由于压裂孔与上下邻近岩层间距相同，压裂裂缝几乎同时扩展至上下相邻岩层。图 4-5 (c)～(f) 表明，在钻孔内部水压力的作用下，压裂裂缝更倾向于向上在泥岩、中砂岩中扩展，分析认为与泥岩弹性模量大于软煤弹性模量有关。

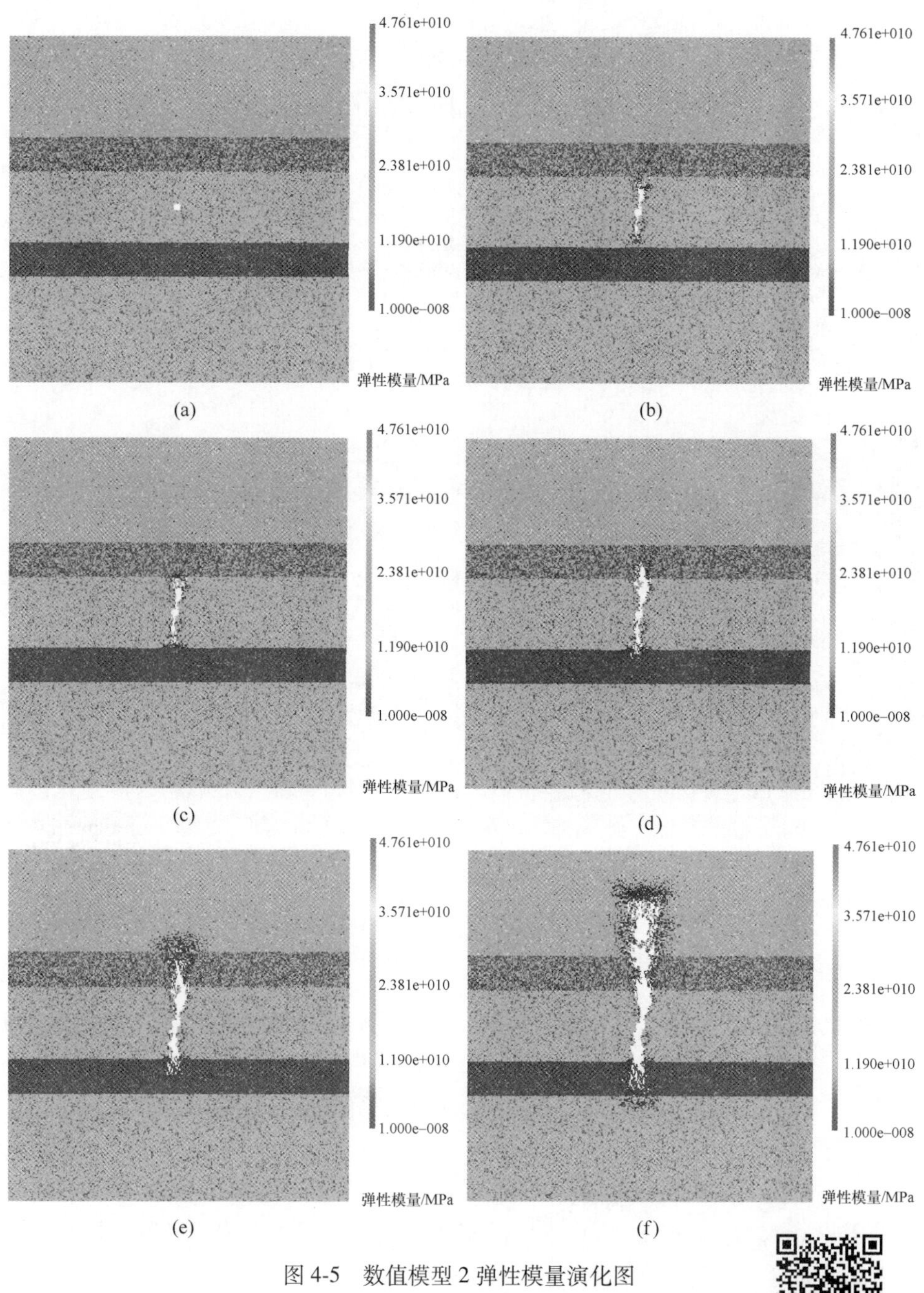

图 4-5 数值模型 2 弹性模量演化图

（a）第 29-1 步；（b）第 33-7 步；（c）第 33-8 步；
（d）第 33-12 步；（e）第 33-15 步；（f）第 33-19 步

图 4-5 彩图

综上可知，当压裂裂缝同时穿层进入相邻岩层后，压裂裂缝更易于在高弹性模量岩层中扩展延伸，即压裂裂缝容易朝岩石脆性系数较大的方向扩展延伸，该模拟结果为解释现场压裂裂缝多向上扩展的现象提供了理论依据。

4.4 压裂岩层对压裂裂缝扩展的影响

由图2-4可知，煤层顶板岩性为砂质泥岩、泥岩、中砂岩等，本节模拟了压裂岩层对压裂裂缝扩展的影响特征，以期为突出煤层顶板压裂岩层的选取提供参考。

4.4.1 模型参数设置

本节构建的数值模型力学参数见表4-4，模型尺寸为300m×300m，划分为300×300=90000个单元格。模型选用围压加载，平面简化模型为平面应变模型，围压应力参数：模型垂向上的加载应力 σ_v = 9MPa，侧向上的加载应力 σ_H = 14MPa。

表4-4 数值模拟模型的力学参数

参数名称	中砂岩	砂质泥岩	泥岩
均值度	3	3	3
抗压强度/MPa	90	72	15
弹性模量/GPa	25	13	8
泊松比	0.22	0.31	0.31
残余强度系数	0.1	0.1	0.1
孔隙水压力系数	1	1	1

4.4.2 数值模拟结果分析

对比不同压裂岩层形成的压裂裂缝发现，压裂裂缝的扩展方向、扩展模式基本相同。为了能够直观地认识压裂裂缝的扩展方向、扩展模式，采用中砂岩模型、砂质泥岩模型、泥岩模型进行对比分析。

由孔隙水压力图可知，在压裂裂缝稳定扩展阶段，随着每一步计算的进行，能够明显地看见压裂裂缝进一步扩展，最大水平主应力方向的压裂裂缝尖端的破坏区随之增大，最终形成水平缝。

由图4-6可知，中砂岩模型、砂质泥岩模型、泥岩模型破坏的步数分别为第17-8步、第10-15步、第8-18步。从图4-6的声发射图可知，压裂过程中不仅存

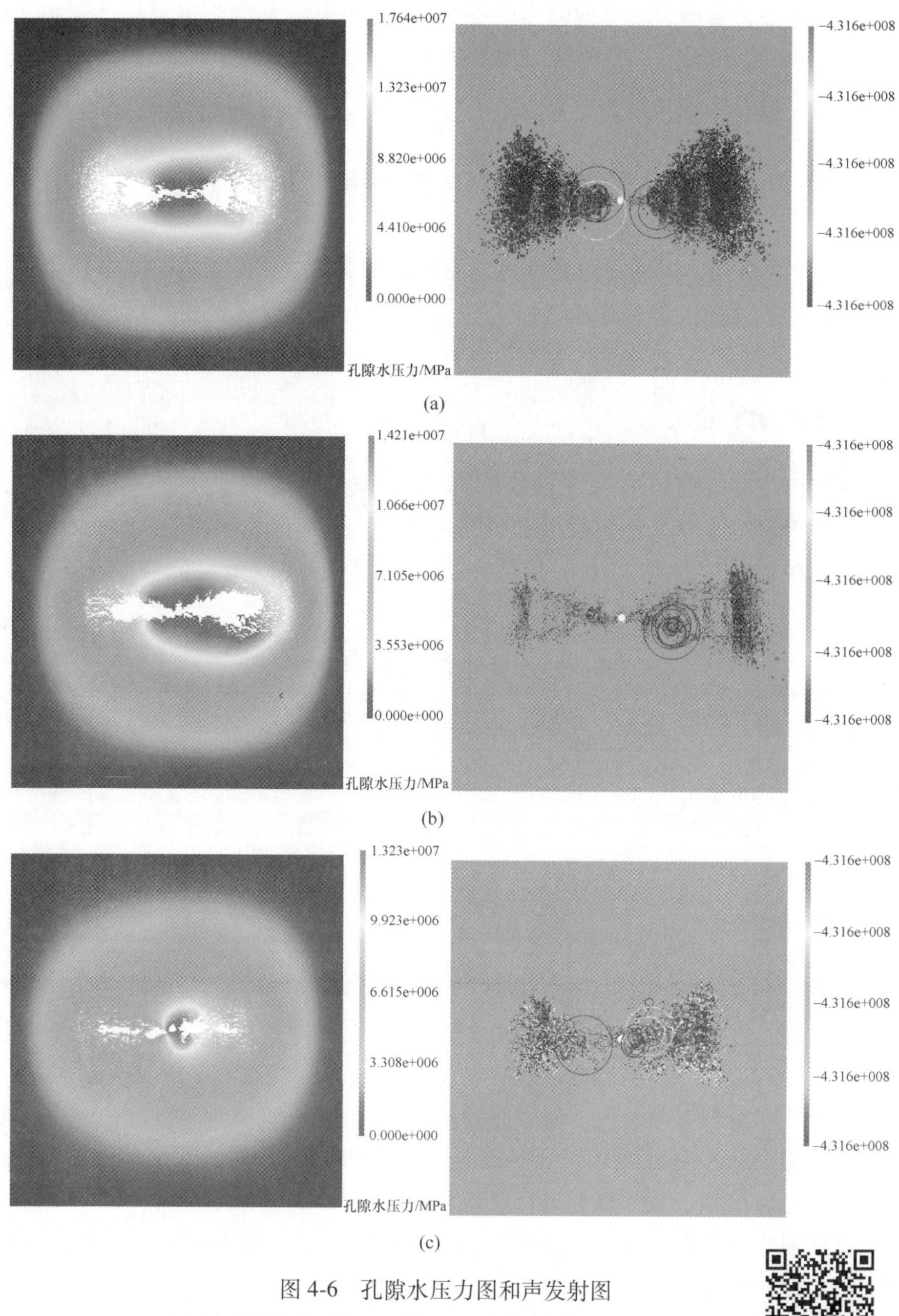

图 4-6 孔隙水压力图和声发射图

（a）中砂岩模型，第 17-7 步；（b）砂质泥岩模型，第 10-14 步；
（c）泥岩模型，第 8-17 步

图 4-6 彩图

在拉伸破坏，还有压剪破坏产生，且泥岩模型中的压剪破坏最多，中砂岩模型中最少。不同点是压裂裂缝在压裂孔两侧压裂范围有差别：中砂岩模型>砂质泥岩模型>泥岩模型，中砂岩模型的压裂孔左右两侧压裂裂缝的对称性最优、压裂范围最广、压剪破坏最少，说明突出煤层顶板分段压裂岩层为中砂岩层时，能够更好地实现储层改造，以形成裂缝网络结构。

5 突出煤层顶板分段压裂增透机理研究

突出煤层顶板分段压裂的目的是在顶板岩层中形成裂缝网络结构，以沟通突出煤层。因此，研究突出煤层顶板分段压裂增透机理，可归结为分析分段压裂能否在顶板岩层中形成裂缝网络结构、压裂裂缝能否穿过煤岩交界面进入突出煤层。鉴于突出煤层顶板分段压裂裂缝的起裂、扩展及形态特征受到多种因素影响，目前针对突出煤层顶板分段压裂增透机理的研究鲜有报道，本章采用岩体力学、弹性力学等理论，阐述了突出煤层顶板分段压裂的概念及意义，建立了突出煤层顶板分段压裂诱导应力场模型，揭示了突出煤层顶板分段形成裂缝网络结构的原理，优化了顺序压裂、交替压裂的段间距，分析了天然裂缝、煤岩物性特征、煤岩交界面等对裂缝扩展规律的影响，研究结果可为突出煤层顶板分段压裂理论的完善及现场施工参数的选择提供理论依据。

5.1 突出煤层顶板分段压裂的概念及意义

煤体结构决定了煤层气的赋存和运移产出特征，结合储层的结构与力学性质，查明瓦斯的运移产出机理，是强化工艺选择、参数优化的前提和基础[1]。《防治煤与瓦斯突出规定》中，将煤体结构分为非破坏煤、破坏煤、强烈破坏煤、粉碎煤、全粉煤[113]。瓦斯地质学中将煤体结构分为原生结构煤、碎裂煤、碎粒煤、糜棱煤[179]。其中，原生结构煤、碎裂煤被称为硬煤，碎粒煤、糜棱煤被称为软煤，该分类方法被广泛认可并使用。

通常突出煤层中的煤体结构以碎粒煤和糜棱煤为主，坚固性系数一般小于0.3，此类煤层具有渗透率低、含气饱和度低、瓦斯含量高、抽采难度大、衰减快、瓦斯涌出量大、极易发生煤与瓦斯突出事故等特点[113]。对于此类煤体，常规压裂难以形成有效的长缝，在压实和水敏效应下的渗透率改善效果有限，强化效果一般较差。如图 5-1 所示，由于软煤已被破坏成塑性材料，是一种散体，当压裂液进入此类煤体后，压裂液在某个位置积聚挤胀产生孔穴，待水压增大至一定程度后，压裂液在该位置朝着其他方向穿刺卸压，周而复始，压裂液不断地穿刺卸压。在形成的挤胀洞和穿刺孔壁上形成应力集中带，从而造成煤体被严重压实，这一压实带孔隙度低，严重影响了瓦斯抽采效果。因此，在突出煤层中使用常规水力压裂技术达不到理想的增透效果。

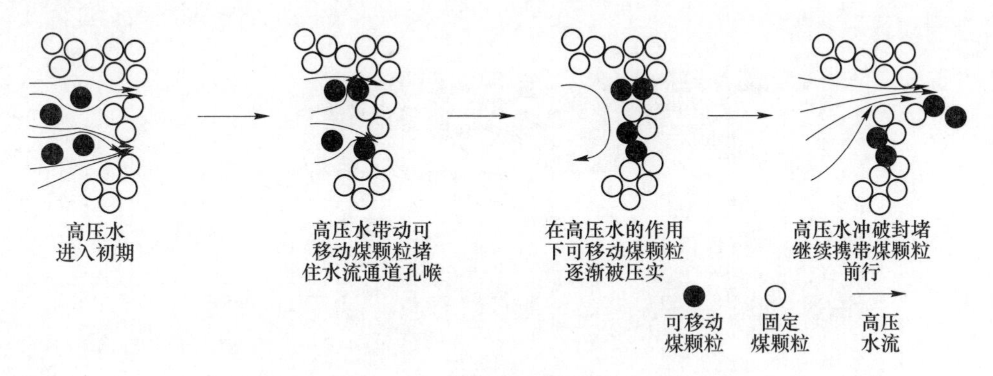

图 5-1 高压水进入软煤封堵冲破示意图[1,119,127]

目前我国煤与瓦斯突出矿井大都采用岩石巷道和穿层钻孔的方法进行瓦斯预抽，以实现突出煤层在低瓦斯浓度下的安全开采，达到瓦斯区域治理的效果，但该方法存在巷道和钻孔工程量大、瓦斯治理成本高、抽采周期长、钻孔利用率低等缺陷。为解决突出煤层瓦斯抽采难题，改善瓦斯治理现状，保障矿井安全生产，马耕、苏现波等[67]提出“围岩—煤储层缝网改造增透抽采瓦斯理论与技术”，即通过在突出煤层围岩中布置平行于煤层走向的顺层长钻孔，进行水力强化作业，在围岩及煤层内形成相互贯通的裂缝网络结构，构成瓦斯运移产出的快速通道，达到间接抽采突出煤层中瓦斯的目的。突出煤层围岩与突出煤层相比，具有可改造性强、脆性高于突出煤层、不易发生速敏效应、遇水不易膨胀、钻孔不易失稳等优势。突出煤层围岩水力强化工艺可通过改造围岩，在围岩中形成裂缝网络结构，以沟通突出煤层，使围岩转化为瓦斯的高速渗流通道，相比于瓦斯赋存的突出煤层而言，围岩是瓦斯运移产出的间接层[180-182]。突出煤层中赋存的瓦斯在排水降压解吸后，通过裂缝网络结构快速运移到围岩，并从围岩钻孔中采出。

实施突出煤层围岩水力强化工艺的前提，是在突出煤层围岩中施工顺层长钻孔，为此可采用以孔代巷技术。分段压裂技术作为以孔代巷技术的关键造缝卸压增透措施之一，能够有效地改造压裂储层、在目标压裂地层中形成裂缝网络结构。通过在突出煤层围岩中实施分段压裂技术，可以避开钻孔稳定性差、钻孔不易维护等问题，为无法直接在突出煤层中采用水力强化措施提供新的途径。在突出煤层围岩中实施分段压裂技术，可打破原始应力状态，促使相邻压裂裂缝之间相互干扰，最大程度地减少压裂空白带，形成裂缝网络结构沟通煤层，使之成为煤层中瓦斯的渗流通道，通过压裂裂缝通道快速运移到突出煤层围岩内，并由围岩中的钻孔抽出，促进煤层中瓦斯的解吸、扩散，图 5-2 为突出煤层顶底板围岩抽采模式示意图[1,119,127]。

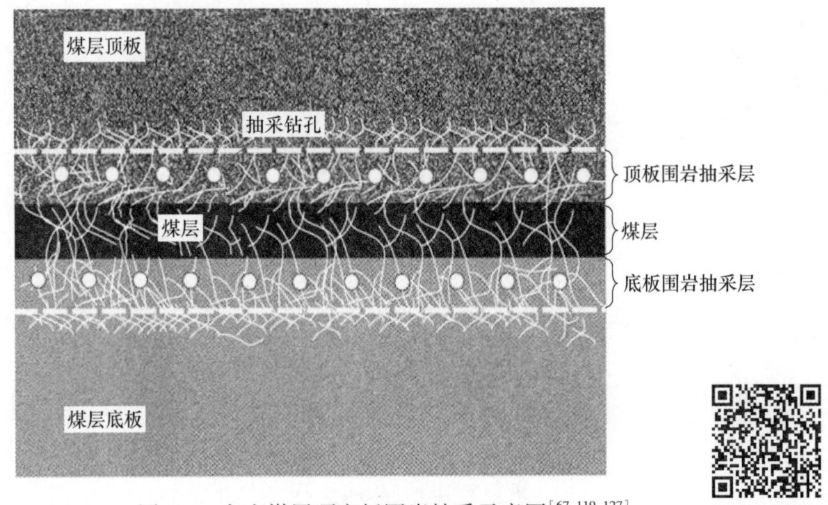

图 5-2 突出煤层顶底板围岩抽采示意图[67,119,127]

图 5-2 彩图

由于突出煤层与其顶底板岩层的力学参数差异性大，故顶底板稳定岩层中形成瓦斯产出的钻孔要比在突出煤层中容易得多，且钻孔不易失稳。针对突出煤层，可以在突出煤层顶板或底板的稳定岩层中施工水平压裂井，通过实施分段压裂，在诱导应力的干扰作用下形成裂缝网络结构。需要注意的是，如果在突出煤层底板中实施水力压裂，存在沟通底板下部含水层的可能性，且气体排采困难，严重影响煤层气的解吸释放；如果在突出煤层顶板中开展水力压裂，在排采过程中不易造成煤粉的堵塞。因此，压裂钻孔层位一般选择突出煤层顶板中的稳定岩层。图 5-3 为突出煤层顶板压裂模式示意图。

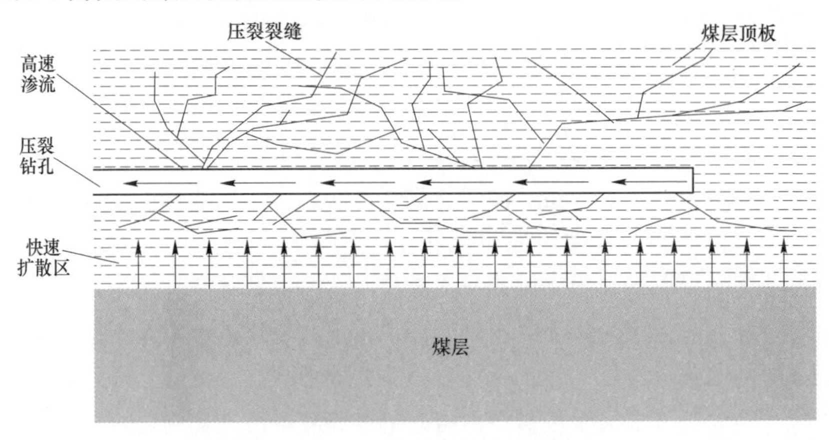

图 5-3 突出煤层顶板压裂示意图

由上述分析可知，突出煤层顶板分段压裂是在突出煤层顶板岩层中，根据压裂地层物性特征、地应力分布特点、压裂规模、施工要求等，施工沿煤层走向的压裂长钻孔，采用分段压裂技术，通过段与段之间应力的相互干扰，在诱导应力作用下最大程度地改变原始地应力状态，在新的应力环境中形成新的压裂裂缝，最终在顶板内形成大范围的裂缝网络结构，构成瓦斯运移产出的快速通道，煤层中瓦斯通过压裂裂缝通道扩散至顶板岩层中，以渗流的方式运移至压裂钻孔，使得瓦斯被快速抽出，最终起到降低突出煤层中瓦斯压力和瓦斯含量的目的。突出煤层顶板分段压裂技术不仅可以克服煤矿井下压裂设备小、规模小、抽采钻孔成孔难的缺点，而且能够实现定点压裂，在顶板中形成大范围的裂缝网络结构，增大与煤层的接触面积，扩大压裂影响范围，提高裂缝导流能力，促进瓦斯解吸、扩散，该技术能够满足不同煤体结构的煤储层区域瓦斯治理的需求。

突出煤层顶板分段压裂的核心是在顶板中形成裂缝网络结构沟通煤层，建立煤层到顶板再到压裂钻孔的煤层气运移通道，压裂的目的是在顶板中形成裂缝网络结构。也就是说，将突出煤层顶板作为储层压裂改造增透对象，采用缝网改造技术[1]（见图 5-4），使原地应力场得以扰动，在段与段之间诱导应力干扰下，形

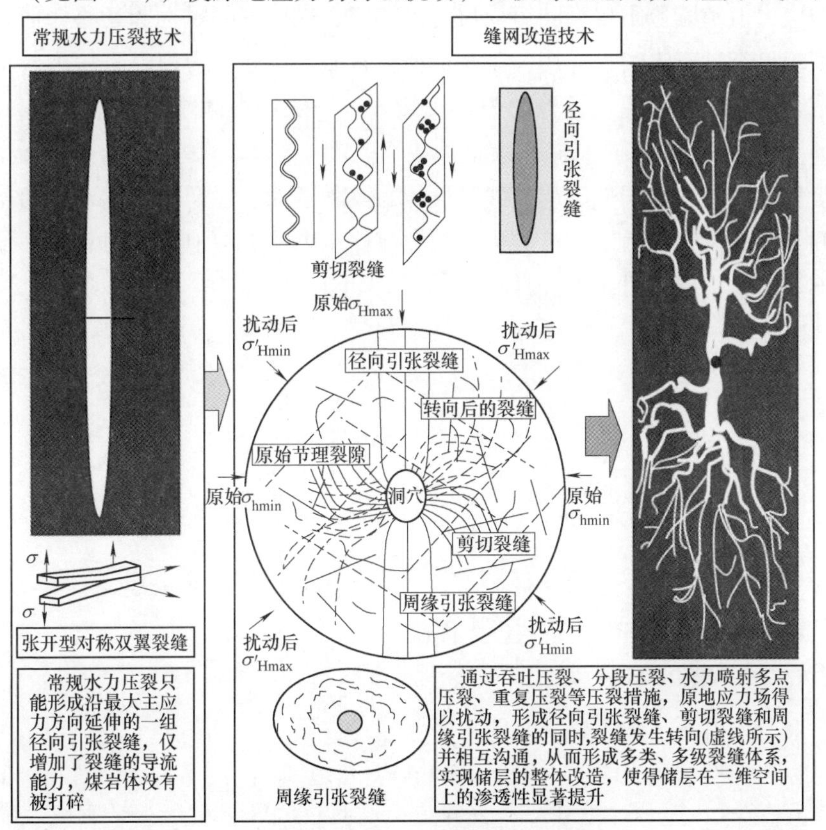

图 5-4 缝网改造技术与常规水力压裂技术对比[1]

成径向引张裂缝、剪切裂缝、周缘引张裂缝，构成煤层中瓦斯运移产出通道，使得瓦斯仅需通过短距离运移即可扩散到顶板裂隙渗流产出[120]。突出煤层顶板岩层与突出煤层相比，具有脆性高于煤层、不易发生速敏效应、遇水不易膨胀等特点，顶板内形成瓦斯运移通道要比在突出煤层中容易，且裂缝网络结构与煤层接触的面积比单个钻孔大得多。综上所述，突出煤层顶板分段压裂技术的优点可概括为以下方面：（1）压裂钻孔不易失稳；（2）顶板砂岩层的可改造性强；（3）压裂裂缝不易因应力敏感而闭合；（4）不易发生速敏效应；（5）避开了碎粒煤、糜棱煤，降低了出煤粉、煤粉堵塞钻孔的现象；（6）压裂均匀，储层改造效果好；（7）适用于任何煤体结构的煤层。

5.2 突出煤层顶板分段压裂诱导应力场模型

5.2.1 突出煤层顶板分段压裂钻孔方向

地应力值及方位不仅影响煤储层的渗透率、煤层气的赋存和运移，而且地应力对裂缝形态具有决定性作用，影响瓦斯抽采效果。地应力由自重应力、构造应力构成，地应力的形成与各种动力作用相关，一般用最大水平主应力 σ_H、垂向应力 σ_v、最小水平主应力 σ_h 来表征地应力[183-184]。

设煤岩层为各向同性的均质线弹性体，沉积运动、后期构造运动时储层与储层之间无相对位移，由于构造应力、孔隙流体压力及上覆地层压力对水平地应力的影响，水平主应力可由下式计算[185]：

$$\begin{cases} \sigma_H = \dfrac{\nu}{1-\nu}(\sigma_v - \alpha p_p) + \dfrac{E\varepsilon_H}{1-\nu^2} + \dfrac{\nu E\varepsilon_h}{1-\nu^2} + \alpha p_p \\ \\ \sigma_h = \dfrac{\nu}{1-\nu}(\sigma_v - \alpha p_p) + \dfrac{E\varepsilon_h}{1-\nu^2} + \dfrac{\nu E\varepsilon_H}{1-\nu^2} + \alpha p_p \end{cases} \tag{5-1}$$

式中 ν——泊松比，无因次量；

α——Biot 多孔弹性系数，无因次量；

p_p——孔隙流体压力，MPa；

ε_H——最大水平主应力方向上的应变，%；

ε_h——最小水平主应力方向上的应变，%。

由式（5-1）可知，当其他参数固定不变时，最大、最小水平主应力随着弹性模量的增大而增大，即水平主应力与煤岩的弹性模量呈正相关关系。结合第 2

章中顶底板岩样的力学参数可知，顶板岩石的弹性模量大都大于突出煤层的弹性模量，因此，突出煤层的水平主应力小于顶板岩层的水平主应力。

乌效鸣等[186]认为目标压裂地层埋深越深，越倾向于形成垂直缝，根据水平抗张强度 σ_t^H、垂直抗张强度 σ_t^v 之间的关系，可以计算得出水平缝转变成垂直缝的临界垂深，即

$$Z_c = \frac{(1-\nu)(\sigma_t^H - \sigma_t^v)}{(1-2\nu)\gamma} \tag{5-2}$$

式中 Z_c ——水平缝转变为垂直缝的临界垂深，m；

γ ——储层重度，g/cm^3。

由式（5-2）可知，在较浅压裂地层中，水平主应力值大于垂向应力，最小应力方向为垂向应力方向；随着压裂地层埋深的增加，垂向应力逐渐增大，最小应力方向转变为水平主应力方向。因此，在较浅储层压裂时容易形成水平缝，在较深储层压裂时则形成垂直缝。

突出煤层顶板分段压裂裂缝的扩展路径、形态特征与压裂钻孔轴线方向、最小水平主应力方向紧密相关，压裂钻孔轴线方向和最小水平主应力方向之间的位置关系为：（1）压裂钻孔方向和最小水平主应力方向一致时，将形成垂直于压裂钻孔方向的横向缝；（2）当压裂钻孔方向垂直于最小水平主应力方向时，产生平行于压裂钻孔方向的纵向缝；（3）当压裂钻孔方向、最小水平主应力方向之间存在一定夹角时，压裂裂缝扩展路径变得弯曲，可能会形成扭曲裂缝、转向裂缝等复杂缝。分段压裂形成的纵向裂缝、扭曲裂缝、转向裂缝均会导致储层的破裂压力增大；扭曲裂缝、转向裂缝将造成施工压力增加、加砂难度增大，不利于最终的压裂效果；纵向裂缝将降低突出煤层顶板中压裂裂缝的沟通面积，影响瓦斯抽采效率。因此，纵向裂缝、扭曲裂缝、转向裂缝均不利于突出煤层顶板分段压裂的最终压裂效果。突出煤层顶板分段压裂裂缝中，横向裂缝的压裂效果优于纵向裂缝，多条横向裂缝有利于实现突出煤层顶板岩层缝网改造，增加煤层气运移通道，提升煤层气产量[185]。综上所述，开展突出煤层顶板分段压裂作业时，压裂钻孔方向最好平行于最小水平主应力方向，以最大程度地形成横向裂缝。研究表明[184]，开展分段压裂现场工业性试验时，应避开在高应力区域或应力差异性较大的区域布置同一个压裂段。

5.2.2 突出煤层顶板分段压裂应力场数学模型

由于在突出煤层顶板中实施分段压裂存在先后顺序，先压裂的裂缝将在裂

缝附近产生诱导应力，影响局部范围内的应力场，造成正应力分量和剪应力分量发生改变，诱导应力干扰后形成裂缝的起裂及扩展，该现象被称为缝间干扰现象。诱导应力的干扰作用主要体现为：(1) 阻碍压裂影响范围内压裂裂缝的持续扩展，抑制局部范围内形成新裂缝；(2) 诱导应力造成最大应力方向发生变化，可能导致压裂裂缝发生转向，有利于形成裂缝网络结构。因此，有必要研究诱导应力对压裂钻孔周围应力场分布规律的影响特征。由于地应力、钻孔内压、压裂液渗流效应、压裂裂缝、射孔等因素共同影响诱导应力场，故可以通过叠加上述因素产生的应力得到总应力，以建立突出煤层顶板分段压裂应力场数学模型。

为了便于研究压裂钻孔周围应力分布，假设压裂岩层为均质各向同性的线弹性介质，不考虑压裂液与岩石之间的相互作用，建立图 5-5 中的直角坐标系（x，y，z）以及柱坐标系（r，θ，x）。直角坐标系中 Ox 轴为压裂钻孔方向（最小水平主应力方向），Oy 轴、Oz 轴位于与压裂钻孔轴线垂直的平面内，α 为压裂钻孔与最大水平主应力方向的夹角；柱坐标系中 σ_r 为径向应力，σ_θ 为切向应力，σ_x 为法向应力。定义拉应力为负，压应力为正。

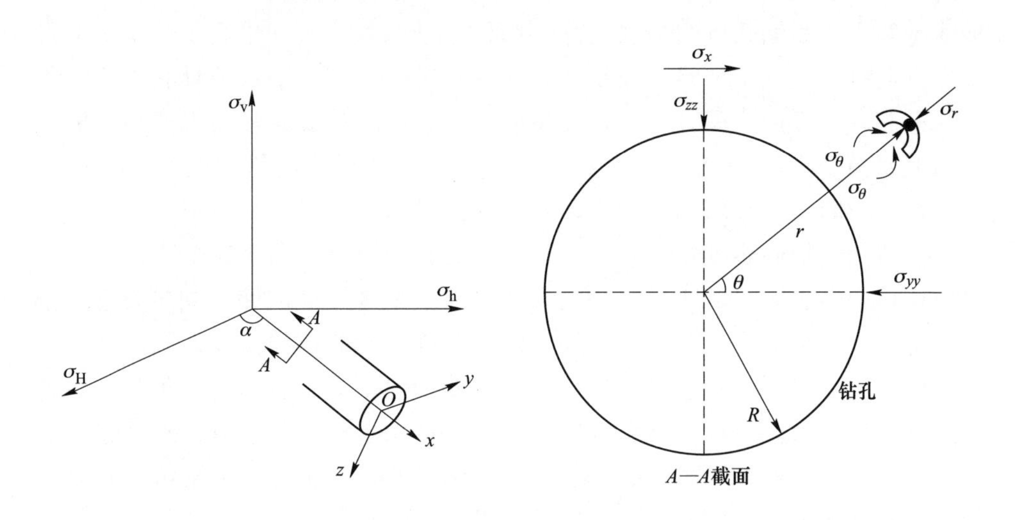

图 5-5 水平井直角坐标系和柱坐标系[187]

裸眼井产生的诱导应力场是地应力分量、钻孔内压、压裂液渗流效应、压裂裂缝对压裂钻孔诱导应力的叠加作用，压裂钻孔附近的应力场数学模型为[187-188]：

$$
\begin{cases}
\sigma_r = \dfrac{R^2}{r^2}p_w + \dfrac{1}{2}(\sigma_{yy} + \sigma_{zz})\left(1 - \dfrac{R^2}{r^2}\right) + \dfrac{1}{2}(\sigma_{zz} - \sigma_{yy})\left(1 + \dfrac{3R^4}{r^4} - \dfrac{4R^2}{r^2}\right)\cos 2\theta + \\
\qquad \sigma_{yz}\left(1 + \dfrac{3R^4}{r^4} - \dfrac{4R^2}{r^2}\right)\sin 2\theta + \delta\left[\dfrac{\alpha(1-2\nu)}{2(1-\nu)}\left(1 - \dfrac{R^2}{r^2}\right) - \phi\right](p_w - p_p) \\
\sigma_\theta = -\dfrac{R^2}{r^2}p_w + \dfrac{1}{2}(\sigma_{yy} + \sigma_{zz})\left(1 + \dfrac{R^2}{r^2}\right) - \dfrac{1}{2}(\sigma_{zz} - \sigma_{yy})\left(1 + \dfrac{3R^4}{r^4}\right)\cos 2\theta - \\
\qquad \sigma_{yz}\left(1 + \dfrac{3R^4}{r^4}\right)\sin 2\theta - \delta\left[\dfrac{\alpha(1-2\nu)}{2(1-\nu)}\left(1 + \dfrac{R^2}{r^2}\right) - \phi\right](p_w - p_p) \\
\sigma_x = -c\dfrac{R^2}{r^2}p_w + \sigma_{xx} - \nu\left[2(\sigma_{zz} - \sigma_{yy})\dfrac{R^2}{r^2}\cos 2\theta + 4\sigma_{yz}\dfrac{R^2}{r^2}\sin 2\theta\right] - \\
\qquad \delta\left[\dfrac{\alpha(1-2\nu)}{2(1-\nu)} - \phi\right](p_w - p_p) \\
\tau_{r\theta} = \dfrac{1}{2}(\sigma_{zz} - \sigma_{yy})\left(1 - \dfrac{3R^4}{r^4} + \dfrac{2R^2}{r^2}\right)\sin 2\theta + \sigma_{yz}\left(1 - \dfrac{3R^4}{r^4} + \dfrac{2R^2}{r^2}\right)\cos 2\theta \\
\tau_{\theta x} = (\sigma_{xy}\cos\theta - \sigma_{xz}\sin\theta)\left(1 + \dfrac{R^2}{r^2}\right) \\
\tau_{rx} = (\sigma_{xy}\sin\theta + \sigma_{xz}\cos\theta)\left(1 - \dfrac{R^2}{r^2}\right)
\end{cases}
\tag{5-3}
$$

式中 R——钻孔半径，m；

r——顶板岩层内任一点与钻孔中心的间距，m；

θ——顶板岩层内任一点与钻孔中心连线偏离垂直方向的夹角，(°)；

σ_{xx}，σ_{yy}，σ_{zz}——正应力在坐标系（x，y，z）中的各个分量，MPa；

σ_{xy}，σ_{yz}，σ_{xz}——剪应力在坐标系（x，y，z）中的各个分量，MPa；

$\tau_{r\theta}$，$\tau_{\theta x}$，τ_{rx}——钻孔周围切向应力分量，MPa；

ν——顶板岩石的泊松比，无因次量；

p_w——钻孔内压裂液流体压力，MPa；

c——实际作业过程中封隔器影响的修正系数，$0.9 < c < 1$；

δ——渗透性系数；

ϕ——岩石的孔隙度。

射孔井产生的诱导应力场是地应力分量、钻孔内压、压裂液渗流效应、压裂裂缝、射孔对压裂钻孔诱导应力的叠加，压裂钻孔附近的应力场数学模型为[187-188]：

$$
\begin{cases}
\sigma_r = \dfrac{R^2}{r^2}p_w + \dfrac{1}{2}(\sigma_{yy}+\sigma_{zz})\left(1-\dfrac{R^2}{r^2}\right) + \dfrac{1}{2}(\sigma_{zz}-\sigma_{yy})\left(1+\dfrac{3R^4}{r^4}-\dfrac{4R^2}{r^2}\right)\cos 2\theta + \\
\quad \sigma_{yz}\left(1+\dfrac{3R^4}{r^4}-\dfrac{4R^2}{r^2}\right)\sin 2\theta + \delta\left[\dfrac{\alpha(1-2\nu)}{2(1-\nu)}\left(1-\dfrac{R^2}{r^2}\right)-\phi\right](p_w-p_p) \\
\sigma_{\theta'} = 2\dfrac{R^2}{r^2}p_w(1+\cos 2\theta') + \dfrac{1}{2}(\sigma_x+\sigma_{yy}+\sigma_{zz})\left(1+\dfrac{R^2}{r^2}\right) + \dfrac{1}{2}(\sigma_{yy}+\sigma_{zz}-\sigma_x)\times \\
\quad \left(1+\dfrac{3R^4}{r^4}\right)\cos 2\theta' - \dfrac{1}{2}(\sigma_{zz}-\sigma_{yy})(1+\dfrac{3R^4}{r^4})\cos 2\theta(1+2\cos 2\theta') - \\
\quad \sigma_{yz}\left(1+\dfrac{3R^4}{r^4}\right)\sin 2\theta(1+2\cos 2\theta) - 4\tau_{\theta x}\sin 2\theta' - \\
\quad 2\delta\left[\dfrac{\alpha(1-2\nu)}{2(1-\nu)}\left(1+\dfrac{R^2}{r^2}\right)-\phi\right](p_w-p_p)\times(1+\cos 2\theta') \\
\sigma_x = -c\dfrac{R^2}{r^2}p_w + \sigma_{xx} - \nu\left[2(\sigma_{zz}-\sigma_{yy})\dfrac{R^2}{r^2}\cos 2\theta + 4\sigma_{yz}\dfrac{R^2}{r^2}\sin 2\theta\right] - \\
\quad \delta\left[\dfrac{\alpha(1-2\nu)}{(1-\nu)}-\phi\right](p_w-p_p) \\
\tau_{r\theta} = \dfrac{1}{2}(\sigma_{zz}-\sigma_{yy})\left(1-\dfrac{3R^4}{r^4}+\dfrac{2R^2}{r^2}\right)\sin 2\theta + \sigma_{yz}\left(1-\dfrac{3R^4}{r^4}+\dfrac{2R^2}{r^2}\right)\cos 2\theta \\
\tau_{\theta x} = (\sigma_{xy}\cos\theta - \sigma_{xz}\sin\theta)\left(1+\dfrac{R^2}{r^2}\right) \\
\tau_{rx} = (\sigma_{xy}\sin\theta + \sigma_{xz}\cos\theta)\left(1-\dfrac{R^2}{r^2}\right)
\end{cases}
\tag{5-4}
$$

式中 $\sigma_{\theta'}$ ——射孔孔眼切向应力，MPa；

θ' ——压裂裂缝起裂方位角，(°)。

5.2.3 突出煤层顶板分段压裂破裂压力数学模型

5.2.3.1 裸眼井破裂压力数学模型[189]

裸眼井破裂压力受到压裂裂缝产生的诱导应力场影响，是否考虑诱导应力作用下的破裂压力将导致取值有所不同。

将 $r=R$ 代入式（5-3），计算出裸眼井井壁处的应力为：

$$\begin{cases}\sigma_r = p_w - \delta\phi(p_w - p_p) \\ \sigma_\theta = -p_w + (\sigma_{yy}+\sigma_{zz}) - 2(\sigma_{zz}-\sigma_{yy})\cos2\theta - \\ \qquad 4\sigma_{yz}\sin2\theta - \delta\left[\dfrac{\alpha(1-2\nu)}{1-\nu} - \phi\right](p_w - p_p) \\ \sigma_x = -cp_w + \sigma_{xx} - \nu[2(\sigma_{zz}-\sigma_{yy})\cos2\theta + 4\sigma_{yz}\sin2\theta] - \\ \qquad \delta\left[\dfrac{\alpha(1-2\nu)}{(1-\nu)} - \phi\right](p_w - p_p) \\ \tau_{r\theta} = 0 \\ \tau_{\theta x} = 2(\sigma_{xy}\cos\theta - \sigma_{xz}\sin\theta) \\ \tau_{rx} = 0 \end{cases} \tag{5-5}$$

以弹性力学张性破裂准则为依据可知，井壁处发生破裂形成初始裂缝的临界条件是井底压裂液对岩石的拉伸应力达到且大于岩石自身的抗拉强度，即

$$\sigma_{max}(\theta_0) \geqslant \sigma_t \tag{5-6}$$

经过计算得出裸眼井井壁处的三个应力分布表达式分别为：

$$\begin{cases}\sigma_1 = \sigma_r \\ \sigma_2 = \dfrac{1}{2}\left[(\sigma_\theta+\sigma_x) + \sqrt{(\sigma_\theta-\sigma_x)^2 + 4\tau_{\theta x}^2}\right] \\ \sigma_3 = \dfrac{1}{2}\left[(\sigma_\theta+\sigma_x) - \sqrt{(\sigma_\theta-\sigma_x)^2 + 4\tau_{\theta x}^2}\right]\end{cases} \tag{5-7}$$

对比上述井壁处的三个主应力值可知，裸眼井井壁处的最大拉应力为：

$$\sigma_{max}(\theta) = \sigma_2 = \frac{1}{2}\left[(\sigma_\theta+\sigma_x) + \sqrt{(\sigma_\theta-\sigma_x)^2 + 4\tau_{\theta x}^2}\right] \tag{5-8}$$

联立式（5-5）、式（5-6）和式（5-8），即可得出裸眼井的破裂压力计算模型。然后对 θ 求导，即可得出裸眼井压裂裂缝起裂的方位角。

5.2.3.2 射孔井破裂压力数学模型[189]

将 $r=R$ 代入式（5-4），计算出射孔井井壁处的应力为：

$$\begin{cases}\sigma_r = p_w - \phi\delta(p_w - p_p) \\ \sigma_{\theta'} = 2p_w(1+\cos2\theta') + (\sigma_x + \sigma_{yy} + \sigma_{zz}) + 2(\sigma_{yy} + \sigma_{zz} - \sigma_x)\cos2\theta' - \\ \qquad 2(\sigma_{zz} - \sigma_{yy})\cos2\theta(1+2\cos2\theta') - 4\sigma_{yz}\sin2\theta(1+2\cos2\theta) - \\ \qquad 4\tau_{\theta x}\sin2\theta' - 2\delta\left[\dfrac{\alpha(1-2\nu)}{1-\nu} - \phi\right](p_w - p_p) \times (1+\cos2\theta') \\ \sigma_x = -cp_w + \sigma_{xx} - \nu[2(\sigma_{zz} - \sigma_{yy})\cos2\theta + 4\sigma_{yz}\sin2\theta] - \\ \qquad \delta\left[\dfrac{\alpha(1-2\nu)}{(1-\nu)} - \phi\right](p_w - p_p) \\ \tau_{r\theta} = 0 \\ \tau_{\theta x} = 2(\sigma_{xy}\cos\theta - \sigma_{xz}\sin\theta) \\ \tau_{rx} = 0 \end{cases} \tag{5-9}$$

同上，井壁处发生破裂形成初始裂缝的临界条件为：

$$\sigma_{\max}(\theta_0) \geqslant \sigma_t \tag{5-10}$$

经过计算得出射孔井井壁处的三个应力分布表达式分别为：

$$\begin{cases}\sigma_1 = \sigma_r \\ \sigma_2 = \dfrac{1}{2}\left[(\sigma_{\theta'} + \sigma_x) + \sqrt{(\sigma_{\theta'} - \sigma_x)^2 + 4\tau_{\theta x}^2}\right] \\ \sigma_3 = \dfrac{1}{2}\left[(\sigma_{\theta'} + \sigma_x) - \sqrt{(\sigma_{\theta'} - \sigma_x)^2 + 4\tau_{\theta x}^2}\right]\end{cases} \tag{5-11}$$

对比射孔井井壁处的三个主应力值，得到射孔井井壁处的最大拉应力为：

$$\sigma_{\max}(\theta') = \sigma_2 = \frac{1}{2}\left[(\sigma_{\theta'} + \sigma_x) + \sqrt{(\sigma_{\theta'} - \sigma_x)^2 + 4\tau_{\theta x}^2}\right] \tag{5-12}$$

联立式（5-9）、式（5-10）和式（5-12），即可得出射孔井的破裂压力计算模型。然后对 θ' 求导，即可得出射孔井压裂裂缝起裂的方位角。

5.3 分段压裂裂缝诱导应力场分析及段间距优化

5.3.1 压裂裂缝诱导应力场研究

5.3.1.1 解析法求解压裂裂缝诱导应力

为分析压裂裂缝诱导应力场，基于弹塑性力学理论，建立如图 5-6 所示的二维裂缝诱导应力场模型。

假设压裂储层为各向同性的线弹性地层，压裂裂缝的剖面为椭圆状，缝宽与缝长、缝高相比忽略不计，半缝高为 $h/2$，定义 x 轴方向为压裂钻孔方向（最小

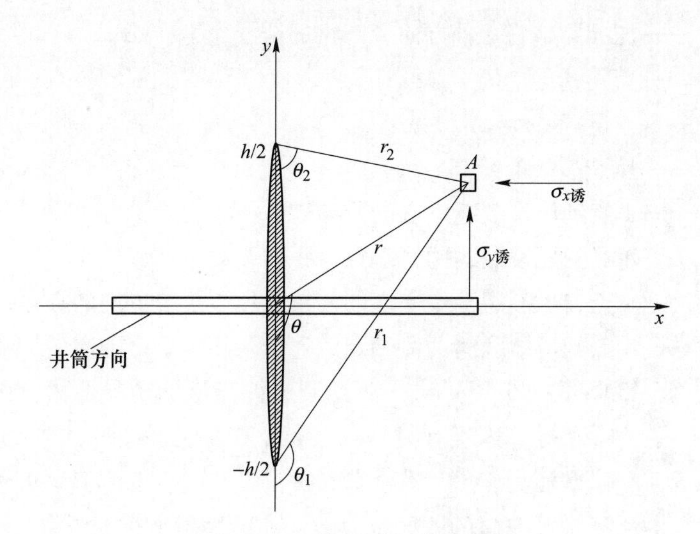

图 5-6 二维裂缝诱导应力示意图

水平主应力方向)，y 轴为缝高方向（垂向应力方向），压为正，拉为负。则压裂裂缝在 xy 平面内的诱导应力[67,190-192] $\sigma_{x诱}$、$\sigma_{y诱}$、$\tau_{xy诱}$ 为：

$$\sigma_{x诱} = -p_{\mathrm{net}}\left[1 - \frac{r}{\sqrt{r_1 r_2}}\cos\left(\theta - \frac{\theta_1 + \theta_2}{2}\right) - \frac{rh^2}{4(r_1 r_2)^{\frac{3}{2}}}\sin\theta\sin\frac{3}{2}(\theta_1 + \theta_2)\right] \tag{5-13}$$

$$\sigma_{y诱} = -p_{\mathrm{net}}\left[1 - \frac{r}{\sqrt{r_1 r_2}}\cos\left(\theta - \frac{\theta_1 + \theta_2}{2}\right) + \frac{rh^2}{4(r_1 r_2)^{\frac{3}{2}}}\sin\theta\sin\frac{3}{2}(\theta_1 + \theta_2)\right] \tag{5-14}$$

$$\tau_{xy诱} = p_{\mathrm{net}}\frac{rh^2}{4(r_1 r_2)^{\frac{3}{2}}}\sin\theta\cos\frac{3}{2}(\theta_1 + \theta_2) \tag{5-15}$$

由胡克定律、平面应变假设得 $\sigma_{z诱}$ 为：

$$\sigma_{z诱} = \nu(\sigma_{x诱} + \sigma_{y诱}) \tag{5-16}$$

其中

$$\theta = \arctan\left(-\frac{x}{z}\right),\ \theta_1 = \arctan\left(-\frac{x}{a+z}\right),\ \theta_2 = \arctan\left(\frac{x}{a-z}\right)$$

式中 $\sigma_{x诱}$ ——压裂裂缝在 x 轴方向上产生的诱导应力，MPa；

$\sigma_{y诱}$ ——压裂裂缝在 y 轴方向上产生的诱导应力，MPa；

$\sigma_{z诱}$ ——压裂裂缝在 z 轴方向上产生的诱导应力，MPa；

$\tau_{xy诱}$ ——剪切诱导应力，MPa；

a ——半缝高，$a = h/2$，m；

h ——压裂裂缝的缝高，m；

r ——A 点到压裂裂缝中心的距离，m；

r_1，r_2 ——A 点到压裂裂缝两侧端点的距离，m；

θ ——A 点与压裂裂缝中心点的连线与压裂裂缝方向的夹角，(°)；

θ_1，θ_2 ——A 点到压裂裂缝两侧端点的连线与压裂裂缝方向的夹角，(°)。

根据式（5-13）~式（5-16）可知，压裂裂缝产生的诱导应力和缝间距、缝内净压力、岩石力学参数等因素有关。$\sigma_{x诱}$、$\sigma_{y诱}$ 在压裂裂缝附近产生最大诱导应力值，近似等于缝内净压力 p_{net}。诱导应力 $\sigma_{x诱}$、$\sigma_{y诱}$ 随间距的增加均开始下降，但是垂直于压裂裂缝扩展方向的诱导应力 $\sigma_{x诱}$ 始终大于平行于压裂裂缝扩展方向的诱导应力 $\sigma_{y诱}$；随着与裂缝间距的增加，诱导应力 $\sigma_{y诱}$ 先降低后增大，在距离不到半缝高时降至 0，之后变为负值，表明此时诱导应力变为拉应力。由上述分析可知，诱导应力差 $\Delta\sigma'$ 随间距的增加呈现出先增大后降低的变化规律，且距离恰当时将产生最大诱导应力差，此时先压裂缝附近的主应力差降至最低，最大应力发生转向甚至反转，转为偏向水平钻孔方向扩展延伸，进而形成裂缝网络结构。反之，裂缝扩展所需的流体压力较大，压裂裂缝扩展容易受阻。因此，选择恰当的段间距，可以利用诱导应力降低对现场分段压裂的不利影响。巫修平[191]研究得出，诱导应力叠加后的最大水平主应力偏转 5°时的位置是最优裂缝布置间距，能够显著提高储层改造增产效果。

5.3.1.2　位移不连续法求解压裂裂缝诱导应力

采用单裂缝诱导应力场公式求解多压裂段作用下的诱导应力时，诱导应力计算值偏大，为此采用位移不连续法求解多裂缝诱导应力场。分段压裂裂缝上下面形成的相互错动称为位移不连续量，假设压裂裂缝为均匀各向同性的无限弹性体，将其分解成 N 个单元，定义（x，y）坐标系中一条压裂裂缝的长度是 $2a$，裂缝面在切向、法向上的位移[187-189,193]分别为 D_x、D_y：

$$\begin{cases} D_x = u_x(x,0_-) - u_x(x,0_+) \\ D_y = u_y(x,0_-) - u_y(x,0_+) \end{cases} \tag{5-17}$$

式中　u_x，u_y ——压裂裂缝在水平、垂直方向上的位移，m；

+，- ——压裂裂缝的上表面、下表面。

根据弹性力学理论和叠加原理，任意点 i 的诱导应力由 N 个位移不连续单元的诱导应力[193]叠加得出：

$$
\begin{cases}
\sigma_x^i = \sum_{j=1}^{N} A_{xx}^{ij} D_x^j + \sum_{j=1}^{N} A_{xy}^{ij} D_y^j \\
\sigma_y^i = \sum_{j=1}^{N} A_{yx}^{ij} D_x^j + \sum_{j=1}^{N} A_{yy}^{ij} D_y^j \\
\sigma_{xy}^i = \sum_{j=1}^{N} A_{xx}^{ij} D_x^j + \sum_{j=1}^{N} A_{xy}^{ij} D_y^j
\end{cases}
\tag{5-18}
$$

式中 σ_x^i，σ_y^i，σ_{xy}^i ——x 、y 方向上的诱导应力及诱导剪应力，MPa；

A_{xx}^{ij}，A_{xy}^{ij}，A_{yx}^{ij}，A_{yy}^{ij} ——应力边界影响系数；

D_x^j，D_y^j ——单元 i 在局部坐标系（x，y）中的位移不连续量。

5.3.2 不同分段压裂模式的诱导应力分析

由于突出煤层顶板分段压裂顺序、压裂段间距的不同，分段压裂在形成两条相邻的压裂裂缝后，裂缝之间的诱导应力可能重合，也可能不重合，具体可分为：（1）若第一条裂缝与第二条裂缝之间的诱导应力未重合，压裂裂缝附近的诱导应力变化规律同上节；（2）若第一条裂缝与第二条裂缝间的诱导应力重合，则两条裂缝中间的诱导应力呈现出先降低后升高的变化规律，而裂缝两侧的诱导应力均随着距离的增加而减小，但垂直于裂缝扩展（最小水平主应力）方向产生的诱导应力始终大于平行于裂缝扩展（最大水平主应力）方向产生的诱导应力[194-196]。

突出煤层顶板分段压裂模式可分为顺序压裂、交替压裂，如图 5-7 所示。由于单条裂缝周围、两相邻裂缝间产生的诱导应力特征不同，导致顺序压裂、交替压裂模式下产生的诱导应力值存在差异。

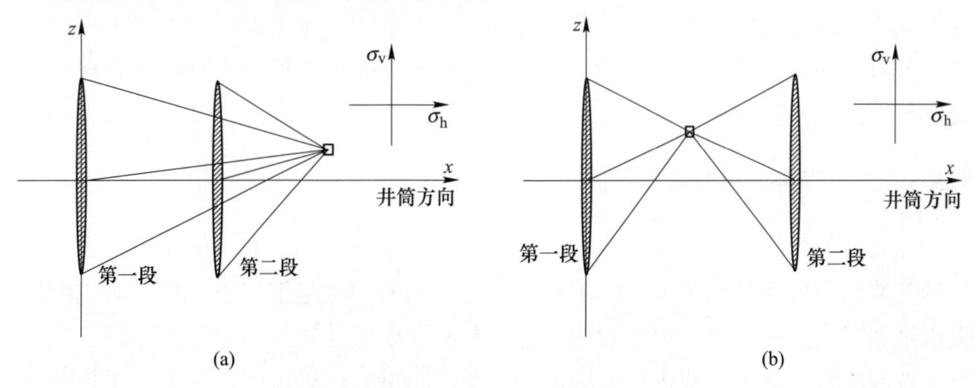

图 5-7 不同压裂模式下诱导应力示意图

（a）顺序压裂诱导应力；（b）交替压裂诱导应力

5.3.2.1　采用顺序压裂模式的诱导应力分析

由图5-7（a）可知，顺序压裂时先压裂的裂缝均对后压裂的压裂裂缝产生影响，未压裂段周围的应力变为原始应力和诱导应力共同决定。根据叠加原理，分段压裂形成第 $n-1$ 条压裂裂缝后，压裂裂缝附近各个方向的应力可表示为：

$$\begin{cases} \sigma'_{\mathrm{H}} = \sigma_{\mathrm{H}} + \sum_{i=1}^{n-1} \sigma_{x诱(\mathrm{in})} \\ \sigma'_{\mathrm{h}} = \sigma_{\mathrm{h}} + \sum_{i=1}^{n-1} \sigma_{y诱(\mathrm{in})} \\ \sigma'_{\mathrm{v}} = \sigma_{\mathrm{v}} + \sum_{i=1}^{n-1} \sigma_{z诱(\mathrm{in})} \end{cases} \tag{5-19}$$

式中　σ'_{H}，σ'_{h}，σ'_{v}——最大水平主应力、最小水平主应力、垂向应力方向产生的诱导应力，MPa。

由式（5-19）可知，压裂裂缝产生的诱导应力作用包括：（1）抑制局部范围内产生新裂缝；（2）造成压裂裂缝端部局部范围内的应力场产生变化，原最大水平主应力小于原最小水平主应力后，裂缝将发生转向，进而有利于形成裂缝网络结构。随着压裂段的增加，后面未压裂段受到的叠加应力越来越大，导致应力场复杂多变、现场压裂施工困难，不利于裂缝起裂及现场施工，但该压裂模式的施工工序较为简单，易于操作。

5.3.2.2　采用交替压裂模式的诱导应力分析

图5-7（b）为交替压裂的诱导应力示意图，图中未压裂段的诱导应力主要源于两侧压裂裂缝压裂产生的诱导应力的叠加，通过调整已压裂段与未压裂段的间距，可降低未压裂段附近的水平主应力差，压裂裂缝发生转向，从而形成裂缝网络结构。该压裂模式下分段距离容易控制，但采用该压裂模式时施工工序较复杂，且对压裂装备要求较高。限于压裂条件，本书突出煤层顶板分段压裂现场工程案例采用顺序压裂。

5.3.3　突出煤层顶板分段压裂段间距优化

压裂段间距对于突出煤层顶板分段压裂效果尤为重要，如果段间距过大，产生的裂缝间距较大，应力场干扰不明显，裂缝间的干扰范围较小，易于形成沿最大水平主应力方向的径向引张裂缝，达不到储层改造的效果，导致段与段之间的控气范围出现盲区，造成煤层气资源的浪费；相反，如果段间距过小，压裂后的相邻段产生的压裂裂缝干扰影响范围重叠，该范围内形成有效裂缝的难度增加，相对降低了每段的控气范围，同时造成了压裂成本的浪费。因此，需要根据水平井段长度和地层赋存特征，合理利用缝间产生的诱导应力干扰形成裂缝网络结构，以最大程度地实现储层改造。

5.3.3.1 顺序压裂模式的段间距优化

当分段压裂采用顺序压裂模式时，压裂段间距受到优先形成的诱导应力对后压裂裂缝周围应力场产生应力反转现象的影响。结合压裂裂缝附近各个方向上的应力场模型可知，顺序压裂模式的最优段间距可由下式判断：

$$\Delta\sigma' = \sum_{i=1}^{n-1}\sigma_{x诱(\mathrm{in})} - \nu\left(\sum_{i=1}^{n-1}\sigma_{x诱(\mathrm{in})} + \sum_{i=1}^{n-1}\sigma_{z诱(\mathrm{in})}\right) \geqslant \sigma_{\mathrm{H}} - \sigma_{\mathrm{h}} \tag{5-20}$$

在确定最优段间距时，可以先通过式（5-13）~式（5-16）得出压裂裂缝在不同位置产生的诱导应力，再结合式（5-20）计算出应力反转的位置，进而得出顺序压裂时的最优段间距。由上述分析可知，求解应力反转区域的问题，可转化为求解上述函数的最大值问题[184]。但是，如果初始水平主应力差较大，诱导应力差小于水平主应力差，则不会产生如上所述的主应力差反转的现象，新裂缝不易转向形成裂缝网络结构，此时可依然选择产生诱导应力差最大的位置，通过降低水平主应力差对形成裂缝网络结构的约束。

5.3.3.2 交替压裂模式的段间距优化

当分段压裂采用交替压裂模式时，两条预先形成的压裂裂缝之间新的压裂裂缝使得裂缝形态更加复杂。当新裂缝与预先形成的第一、二条压裂裂缝的间距恰当时，新裂缝受到的诱导应力差能够一定程度地削弱初始水平主应力差对新裂缝发生转向的控制。本节基于弹性力学理论，假设压裂裂缝的变形属于线弹性微小变形，且压裂储层物性各向同性，采用二维半无限裂缝模型[184]（见图 5-8），以确定新裂缝与预先形成的第一、二条压裂裂缝之间恰当的段间距。图 5-8 中 $\sigma_{x诱}$、$\sigma_{z诱}$ 分别为压裂裂缝在最小水平主应力、垂向应力方向上产生的诱导应力，$h/2$ 为压裂裂缝的半缝高，W 为压裂裂缝缝宽。

其中 $\sigma_{x诱}$、$\sigma_{z诱}$ 可由下式表示[184]：

$$\sigma_{x诱} = p_{\mathrm{net}}\left\{1 - \frac{L/h}{\sqrt{(L/h)^2 + 0.25}} + \frac{L/h}{4\left[\sqrt{(L/h)^2 + 0.25}\right]^3}\right\} \tag{5-21}$$

$$\sigma_{z诱} = p_{\mathrm{net}}\left\{1 - \frac{L/h}{\sqrt{(L/h)^2 + 0.25}} - \frac{L/h}{4\left[\sqrt{(L/h)^2 + 0.25}\right]^3}\right\} \tag{5-22}$$

式中 L——沿 x 轴方向与压裂裂缝中点连线的长度，m；

p_{net}——缝内净压力，MPa。

压裂裂缝在最大水平主应力方向上的诱导应力 $\sigma_{y诱}$ 为：

$$\sigma_{y诱} = \nu(\sigma_{x诱} + \sigma_{z诱}) = 2\nu p_{\mathrm{net}}\left[1 - \frac{L/h}{\sqrt{(L/h)^2 + 0.25}}\right] \tag{5-23}$$

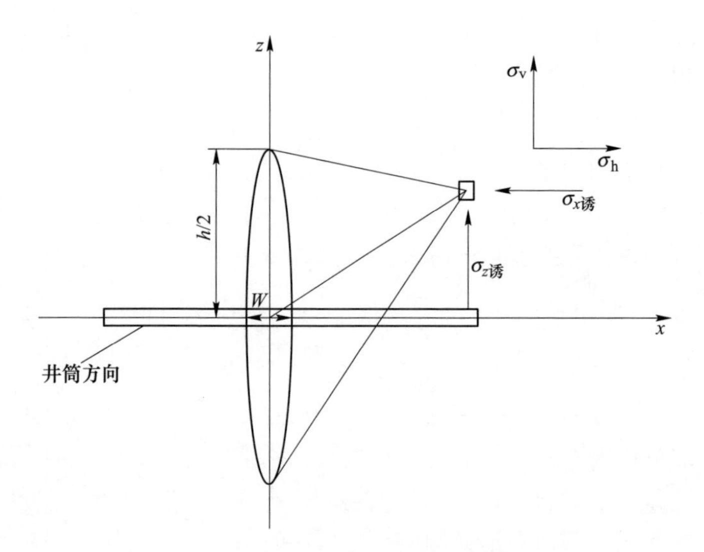

图 5-8 二维半无限裂缝模型

由式（5-21）、式（5-23）可以得到诱导应力差 $\Delta\sigma'$ 为：

$$\Delta\sigma' = \sigma_{x诱} - \sigma_{y诱} = p_{net}\left\{(1-2\nu)\left[1-\frac{L/h}{\sqrt{(L/h)^2+0.25}}\right]+\frac{L/h}{4\left[\sqrt{(L/h)^2+0.25}\right]^3}\right\} \tag{5-24}$$

由式（5-24）可知，诱导应力差 $\Delta\sigma'$ 是关于 L/h 的函数，取得最大值的条件为[184]：

$$\frac{L}{h}=\sqrt{\frac{\nu}{2(3-2\nu)}} \tag{5-25}$$

即满足式（5-25）时，新裂缝在预先形成的第一、二条压裂裂缝之间能够最大程度地形成裂缝网络结构。此时新裂缝沿 x 轴与第一、二条压裂裂缝中心的间距 L_1、L_2[197]分别为：

$$L_1=\sqrt{\frac{\nu}{2(3-2\nu)}}h_1 \tag{5-26}$$

$$L_2=\sqrt{\frac{\nu}{2(3-2\nu)}}h_2 \tag{5-27}$$

式中 h_1，h_2——第一、二条压裂裂缝的缝高，m；

ν——泊松比。

综上可知，突出煤层顶板分段压裂采用交替压裂时，预先形成的第一、二条裂缝间产生最大诱导应力差的最优段间距为：

$$L_1 + L_2 = (h_1 + h_2)\sqrt{\frac{\nu}{2(3 - 2\nu)}} \tag{5-28}$$

式（5-28）表明，在考虑诱导应力的情况下，具有最大诱导应力差的最优裂缝间距仅与压裂裂缝缝高、压裂储层的泊松比、初始水平主应力差相关，与缝内净压力无关。因为诱导应力差 $\Delta\sigma'$ 随裂缝间距增加呈现出先增后减的变化规律，所以如果裂缝间距较大，诱导应力差 $\Delta\sigma'$ 相对较小，无法实现 $\Delta\sigma' > \Delta\sigma$ ，压裂裂缝未能转向至新的较大应力方向扩展，不利于形成裂缝网络结构；如果裂缝间距较小，裂缝间应力出现反转 $\Delta\sigma' > \Delta\sigma$ ，但由于应力反转区相对较大，也不利于出现裂缝转向的现象[195]。但缝内净压力的大小仅改变诱导应力差值的大小，却不影响最大诱导应力差值出现的位置。

5.3.4 突出煤层顶板分段压裂形成裂缝网络结构的力学条件

突出煤层顶板分段压裂的目的是在顶板岩层中形成裂缝网络结构并沟通煤层，为煤层中瓦斯提供高速运移通道。分段压裂形成的压裂裂缝之间相互干扰，缝长、缝宽、扩展路径均会受到影响。压裂裂缝的复杂程度可由水平应力差异系数 K_h 表示：

$$K_h = \frac{\sigma_H - \sigma_h}{\sigma_h} \tag{5-29}$$

通常水平应力差异系数 K_h 越小，压裂裂缝扩展路径复杂多变，越有利于形成裂缝网络结构；随着水平应力差异系数 K_h 增大，裂缝形态变得单一。

突出煤层顶板分段压裂裂缝附近局部范围内的应力是原始地应力、诱导应力共同作用的结果，且 $\Delta\sigma = \sigma_H - \sigma_h$ ，$\Delta\sigma' = \sigma'_h - \sigma'_H$ ，则式（5-29）可转换为：

$$K_h = \frac{(\sigma_H + \sigma'_H) - (\sigma_h + \sigma'_h)}{\sigma_h + \sigma'_h} = \frac{(\sigma_H - \sigma_h) - (\sigma'_h - \sigma'_H)}{\sigma_h + \sigma'_h} = \frac{\Delta\sigma - \Delta\sigma'}{\sigma_h + \sigma'_h} \tag{5-30}$$

式中 $\Delta\sigma$，$\Delta\sigma'$——原水平主应力差和诱导应力差，MPa。

式（5-30）表明，突出煤层顶板分段压裂裂缝附近局部范围内的主应力出现反转要满足 $\Delta\sigma' > \Delta\sigma$ 。这样压裂裂缝在应力反转区转向至新的较大应力方向扩展，有利于形成裂缝网络结构。结合式（5-13）~式（5-16）可知，诱导应力差 $\Delta\sigma'$ 随着间距的增加先增大后减小，则水平应力差异系数 K_h 先减小后增大。

5.4 天然裂缝对突出煤层顶板分段压裂裂缝的影响

突出煤层顶板分段压裂在水平井段上多个位置进行射孔后，采用分段压裂技术形成多条初始裂缝。在裂缝性储层中，可以通过实时调整现场施工参数，改变已形成的初始缝内净压力，增强局部范围内诱导应力的干扰效果，促使新的最大主应力发生转向，以进一步激活压裂储层内不同方向的天然裂缝等弱面结构。因此，诱导应力差越大，裂缝扩展所需的流体压力越小，越有利于形成更大范围的裂缝网络结构。

由于突出煤层顶板分段压裂存在先后顺序，诱导应力导致裂缝附近局部范围内的最大应力发生转向，后压裂的裂缝扩展路径开始转向、弯曲。在诱导应力作用下，压裂裂缝与天然裂缝之间的逼近角可能减小，也可能增大[198]。如果压裂裂缝与天然裂缝之间的逼近角减小，压裂裂缝则趋于沿天然裂缝面扩展延伸，在压裂裂缝扩展至天然裂缝尖端后继续沟通更多的弱面结构，有利于形成裂缝网络结构；如果压裂裂缝与天然裂缝之间的逼近角增大，压裂裂缝则趋于穿过天然裂缝，继续沟通更多的天然裂缝等弱面结构，进而形成更大范围的裂缝网络结构。下面对突出煤层顶板分段压裂裂缝能否穿过天然裂缝的判断准则进行分析。

5.4.1 压裂裂缝转向沿天然裂缝面扩展延伸

假设压裂裂缝张开变形为线弹性变化，忽略天然裂缝诱导应力对压裂裂缝的干扰。将不同发育方向的天然裂缝简化成二维平面裂缝，则作用于裂缝面的剪切应力 τ_n 和正应力 σ_n 分别为[199-200]：

$$\begin{aligned} \tau_n &= \frac{\sigma_{\mathrm{H}} - \sigma_{\mathrm{h}}}{2}\sin 2\theta \\ \sigma_n &= \frac{\sigma_{\mathrm{H}} + \sigma_{\mathrm{h}}}{2} - \frac{\sigma_{\mathrm{H}} - \sigma_{\mathrm{h}}}{2}\cos 2\theta \end{aligned} \tag{5-31}$$

式中 θ——逼近角，即压裂裂缝与天然裂缝的夹角，$0 < \theta < \dfrac{\pi}{2}$。

根据 Warpinski 和 Teufel 的线性准则，当裂缝内流体压力大于正应力 σ_n 时，天然裂缝产生张性破坏，压裂裂缝转向沿天然裂缝面扩展：

$$p > \sigma_n \tag{5-32}$$

当作用于天然裂缝面上的剪切应力满足下式时，天然裂缝将产生剪切破坏：

$$\tau_n > \tau_0 + K_f(\sigma_n - p) \tag{5-33}$$

式中 τ_0——煤体的黏聚力，MPa；

K_f——摩擦因数，无因次量；

p——压裂裂缝、天然裂缝交汇处流体压力，MPa。

若压裂裂缝与天然裂缝相交，裂缝内流体压力小于 σ_n、$\tau_0 + K_f(\sigma_n - p)$ 时，压裂裂缝的扩展将出现短暂的停滞。随着压裂液的持续泵注，压裂裂缝内的流体压力升高，直至达到σ_n、$\tau_0+K_f(\sigma_n-p)$中的最小值，当流体压力大于σ_n时，压裂裂缝转向至天然裂缝方向。

根据Irwin裂缝扩展准则，假定裂缝形态为格里菲斯裂缝，则压裂裂缝的起裂可由下式表达：

$$K_{\mathrm{I}} \geqslant K_{\mathrm{Ic}} \tag{5-34}$$

式中 K_{I}——压裂裂缝的应力强度因子，$\mathrm{MPa \cdot m^{1/2}}$；

K_{Ic}——临界应力强度因子，$\mathrm{MPa \cdot m^{1/2}}$。

其中K_{I}、K_{Ic}可分别由下式表示：

$$\begin{gathered} K_{\mathrm{I}} = -\sigma_n\sqrt{\pi a} = (p-\sigma_{\mathrm{h}})\sqrt{\pi a} \\ K_{\mathrm{Ic}} = \sqrt{\frac{2E\gamma}{1-\nu^2}} \end{gathered} \tag{5-35}$$

式中 a——压裂裂缝的半长，m；

E——岩石的弹性模量，GPa；

γ——裂缝的表面能，MPa·m；

ν——泊松比，无因次量。

把式（5-35）代入式（5-34）中，整理得出压裂裂缝开始扩展的临界流体压力为：

$$p = \sqrt{\frac{2E\gamma}{\pi a(1-\nu^2)}} + \sigma_{\mathrm{h}} \tag{5-36}$$

把式（5-31）、式（5-36）代入式（5-32），整理得出天然裂缝发生张性断裂的条件为：

$$(\sigma_{\mathrm{H}}-\sigma_{\mathrm{h}}) < \frac{\sqrt{\dfrac{2E\gamma}{\pi a(1-\nu^2)}}}{\sin^2\theta} \tag{5-37}$$

把式（5-31）、式（5-36）代入式（5-33），整理得出天然裂缝发生剪切破坏的条件为：

$$(\sigma_{\mathrm{H}}-\sigma_{\mathrm{h}}) > \frac{2\tau_0 - 2K_f\sqrt{\dfrac{2E\gamma}{\pi a(1-\nu^2)}}}{\sin2\theta - K_f + K_f\cos2\theta} \tag{5-38}$$

由式（5-37）、式（5-38）可知，裂缝扩展过程中受逼近角、水平主应力差、煤岩力学参数等因素作用。逼近角、水平主应力差越小，天然裂缝产生张性破坏的概率越大。

当压裂裂缝、天然裂缝遭遇后，裂缝发生张性破坏、剪切破坏、剪切张开复合破裂。随着压裂液进入天然裂缝，裂缝内的孔隙压力升高，天然裂缝面上的孔隙压力可由下式计算：

$$p(x,t) = \sigma_h + p_{net}(x,t) \tag{5-39}$$

式中 p_{net}——缝内净压力，MPa。

把式（5-31）、式（5-39）代入式（5-32），整理得出天然裂缝发生张性破坏的缝内净压力为：

$$p_{net}(x,t) > (\sigma_H - \sigma_h)\sin^2\theta \tag{5-40}$$

当 $\theta = \frac{\pi}{2}$ 时，缝内净压力有最大值（$\sigma_H - \sigma_h$），即天然裂缝发生张性破坏的最大值为水平主应力差。

把式（5-31）、式（5-39）代入式（5-33），整理得出天然裂缝发生剪切破坏的缝内净压力为：

$$p_{net}(x,t) > \frac{\tau_0}{K_f} + \frac{\sigma_H - \sigma_h}{2} - \frac{\sigma_H - \sigma_h}{2}\left(\frac{\sin 2\theta}{K_f} + \cos 2\theta\right) \tag{5-41}$$

当 $\theta = \frac{\pi}{2}\arctan K_f$ 时，缝内净压力有最小值；当 $\theta = \frac{\pi}{2}$ 时，缝内净压力有最大值 $\left[\frac{\tau_0}{K_f} + (\sigma_H - \sigma_h)\right]$。一般天然裂缝内岩石的黏聚力 τ_0 等于 0，即天然裂缝发生剪切破坏的最大值等于水平主应力差。

式（5-40）、式（5-41）表明，当缝内净压力超过压裂地层的水平主应力差时，天然裂缝将张开产生新的分支缝。

5.4.2 压裂裂缝穿过天然裂缝面扩展延伸

压裂裂缝遭遇天然裂缝后，当裂缝内流体压力 p 大于 $\sigma_t + T_0$，裂缝将穿过天然裂缝继续沿最大水平主应力方向扩展延伸，裂缝内流体压力可表示为[201]：

$$p > \sigma_t + T_0 \tag{5-42}$$

式中 σ_t——天然裂缝面剪切应力，MPa；

T_0——顶板岩石的抗拉强度，MPa。

式（5-42）中的 σ_t 为：

$$\sigma_t = p + (\sigma_H - \sigma_h)(\cos 2\theta - b\sin 2\theta) \tag{5-43}$$

$$b = \frac{\nu(x_0) - \frac{x_0 - l}{K_f}}{2a} \tag{5-44}$$

$$x_0 = \sqrt{\frac{(1 + a^2) + e^{\frac{\pi}{2K_f}}}{1 + e^{\frac{\pi}{2K_f}}}} \tag{5-45}$$

$$\nu(x_0) = \frac{1}{\pi}\left[(x_0 + l)\ln\left(\frac{x_0 + l + a}{x_0 + l}\right)^2 + (x_0 - l)\ln\left(\frac{x_0 - l - a}{x_0 - l}\right)^2 + a\ln\left(\frac{x_0 + l + a}{x_0 - l - a}\right)^2\right] \tag{5-46}$$

式中 a——天然裂缝面上的滑移长度，m；

l——天然裂缝缝度，m；

K_f——摩擦因数。

把式（5-43）代入式（5-42），整理得出压裂裂缝穿过天然裂缝的条件为

$$(\sigma_H - \sigma_h) > \frac{T_0}{\cos 2\theta - b\sin 2\theta} \tag{5-47}$$

结合上述判断准则，即可判断裂缝能否穿过天然裂缝，据此得知突出煤层顶板分段压裂时，天然裂缝是否开启或压裂裂缝是否穿过天然裂缝形成复杂裂缝形态。此外，式（5-40）、式（5-41）表明最大缝内净压力 p_{net} 、水平主应力差 $\Delta\sigma$ 呈正相关关系。由此可知，在水平主应力差为定值的情况下，压裂产生的诱导应力差越大，天然裂缝面越容易张开，越有利于形成裂缝网络结构。

5.4.3 转向扩展路径的等效平面裂缝

图 5-9 中，压裂裂缝与天然裂缝相交后，压裂裂缝的扩展路径主要分为两种：裂缝扩展方向不变、天然裂缝首先张开。

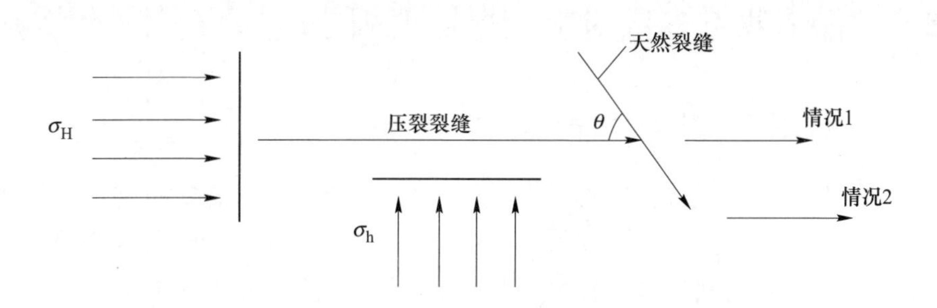

图 5-9 压裂裂缝与天然裂缝相交后的扩展路径

(1) 裂缝扩展方向不变。天然裂缝不发生膨胀，裂缝直接穿过天然裂缝；或者是天然裂缝虽然发生膨胀，但由于天然裂缝端面存在弱面结构，裂缝从结构弱面穿过天然裂缝；或者是缝内净压力不足以使裂缝继续向前或沿天然裂缝延伸，压裂裂缝终止于天然裂缝，如图 5-9 情况 1 所示。

（2）天然裂缝首先张开。压裂液被天然裂缝捕获，天然裂缝由闭合转变为张开状态，裂缝转向至天然裂缝，压裂液沿着天然裂缝端直至尖端，裂缝会继续沿垂直于最小水平主应力方向扩展，如图 5-9 情况 2 所示。

当压裂裂缝扩展路径满足情况 1 时，压裂裂缝为平面缝，作用于压裂裂缝的正应力等于最小水平主应力 σ_h，为连续分布；当压裂裂缝扩展路径为情况 2 时，裂缝转向至天然裂缝方向扩展延伸，正应力增加至 σ_n，为非连续分布。现将情况 2 中压裂裂缝的扩展路径表示为非连续正应力分布的平面裂缝，则压裂裂缝转向扩展的等效裂缝扩展路径如图 5-10 所示。

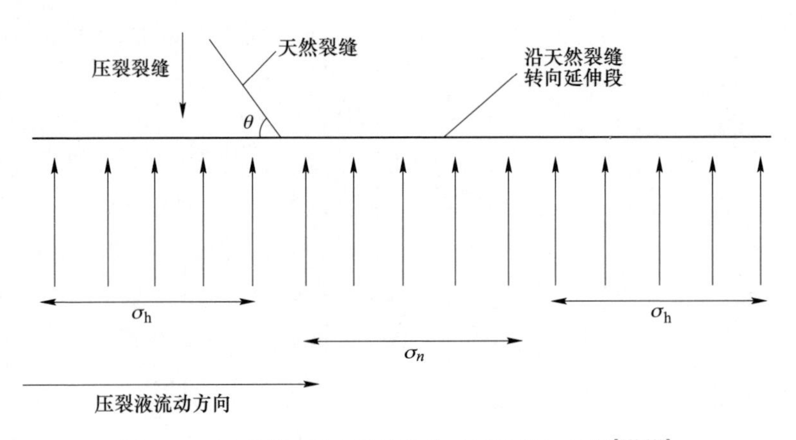

图 5-10 压裂裂缝转向扩展的等效裂缝扩展路径[202-203]

5.5 煤岩物性参数对突出煤层顶板分段压裂裂缝的影响

5.5.1 煤岩物性参数对脆性指数的影响

突出煤层顶板分段压裂能否形成裂缝网络结构、压裂裂缝能否穿过煤岩交界面进入煤层，是决定压裂成败的关键，其受到地应力、煤岩物性参数等因素的影响。因此，有必要分析煤岩物性参数对突出煤层顶板分段压裂裂缝的影响。

表 5-1 为中马村矿二$_1$煤层的顶板岩性、煤岩力学参数[120]，顶板岩性主要为中砂岩、粉砂岩、砂质泥岩、泥岩等，弹性模量从大到小的顺序为中砂岩、粉砂岩、砂质泥岩、泥岩、原生结构煤、糜棱煤，表明煤体的弹性模量均小于顶板岩石的弹性模量，而泊松比相差不大。煤体的力学特性表现为低强度、低弹性模量、高泊松比，低渗煤层煤体的强度更低、泊松比更高。

表 5-1 不同岩性岩石的力学参数[120]

岩性	中砂岩	粉砂岩	泥岩	砂质泥岩	糜棱煤	原生结构煤
抗压强度/MPa	90.00	18.00	15.00	72.00	1.50	7.30
弹性模量/GPa	25.00	21.40	1.40	12.70	0.12	0.65
泊松比	0.22	0.22	0.31	0.31	0.33	0.28
内摩擦角/(°)	50.00	44.00	39.50	40.50	25.80	19.60
压拉比	18.00	4.60	5.00	24.00	3.00	17.80

根据兰姆方程理论，煤岩中裂缝缝宽与其弹性模量呈反比例关系，即弹性模量越高，裂缝缝宽越小[96]。煤体高泊松比、低弹性模量的特点，表明煤体塑性变形量大，在应力作用下更易发生塑性变形，造成压裂裂缝缝长减小、缝宽增加，形成短宽缝。根据物质平衡可知，缝宽越大，缝长、缝高将受到限制，越不利于形成裂缝网络结构。

煤岩物性参数是压裂裂缝的起裂、扩展及形态特征的重要影响因素之一，能否形成裂缝网络结构与煤储层的可压性、煤岩的脆性指数紧密相关。大量的经验数据表明：当脆性指数大于 35 时，储层内可以形成较宽的裂缝破碎带；当脆性指数大于 40 时，储层内容易形成裂缝网络结构[124]。一般弹性模量越大，说明岩石的脆性指数越高，储层越容易发生断裂破坏，储层的可压性越好，越有利于形成裂缝网络结构。脆性指数 β 的表达式为：

$$\beta = \frac{6.895E - 28\nu - 1}{14} \times 10^2 + 80 \tag{5-48}$$

式中 β——脆性指数,%；

E——杨氏模量，GPa；

ν——泊松比，无因次量。

由式（5-48）可知，脆性指数与弹性模量、泊松比相关，弹性模量、泊松比是压裂储层内能否形成裂缝网络结构的主要岩石力学参数，且弹性模量越大、泊松比越小，脆性指数越大。但由于中砂岩、粉砂岩、砂质泥岩、泥岩、煤之间的泊松比相差不大，所以泊松比对压裂裂缝缝高的影响有限，而中砂岩、粉砂岩、砂质泥岩、泥岩的弹性模量远大于原生结构煤的弹性模量，故影响脆性指数大小的关键参数为煤岩的弹性模量[185]。

将表 5-1 中不同岩性岩石的弹性模量、泊松比代入式（5-48），计算得出中砂岩、粉砂岩、原生结构煤、砂质泥岩、泥岩、糜棱煤的脆性指数分别为 41.17、39.40、17.18、17.11、11.55、6.92。结合已有的研究结果[124]可知，中砂岩、粉砂岩的脆性指数高，易于形成裂缝网络结构；而原生结构煤、砂质泥岩、泥岩、糜棱煤脆性指数低，塑性强，不适宜进行水力压裂。综上所述，压裂储层内能否形成裂缝网络结构与压裂层位的岩性有关，与突出煤层相比，顶板中的中砂岩、粉砂岩岩层内更容易形成裂缝网络结构。

5.5.2 煤岩物性参数对突出煤层顶板分段压裂缝高的影响

突出煤层顶板分段压裂的成败受顶板岩层内的压裂裂缝能否沟通突出煤层及裂缝进入突出煤层的范围影响，这与压裂裂缝缝高紧密相关。压裂裂缝首先在突出煤层顶板岩层中起裂扩展，假设裂缝在未进入突出煤层前呈对称性扩展（见图5-11），则压裂裂缝的上缝高 h_1、下缝高 h_2 [185]分别为：

$$h_1 = h_2 = h(0,t) = q(0,t)\,\frac{4\pi}{K_{IC1}^4}\left(\frac{E_1}{1-\nu^2}\right)^3 \nu_1 y \tag{5-49}$$

式中 h_1，h_2——上缝高和下缝高，m；

$h(0,\ t)$——t 时刻 $y=0$ 处的压裂裂缝缝高，m；

$q(0,\ t)$——t 时刻 $y=0$ 处的压裂裂缝横截面的体积流量，m^3/min；

y——缝长坐标，m；

K_{IC1}——突出煤层顶板岩石的断裂韧性；

E_1——突出煤层顶板岩石的弹性模量，GPa；

ν_1——突出煤层顶板岩石的泊松比，无因次量。

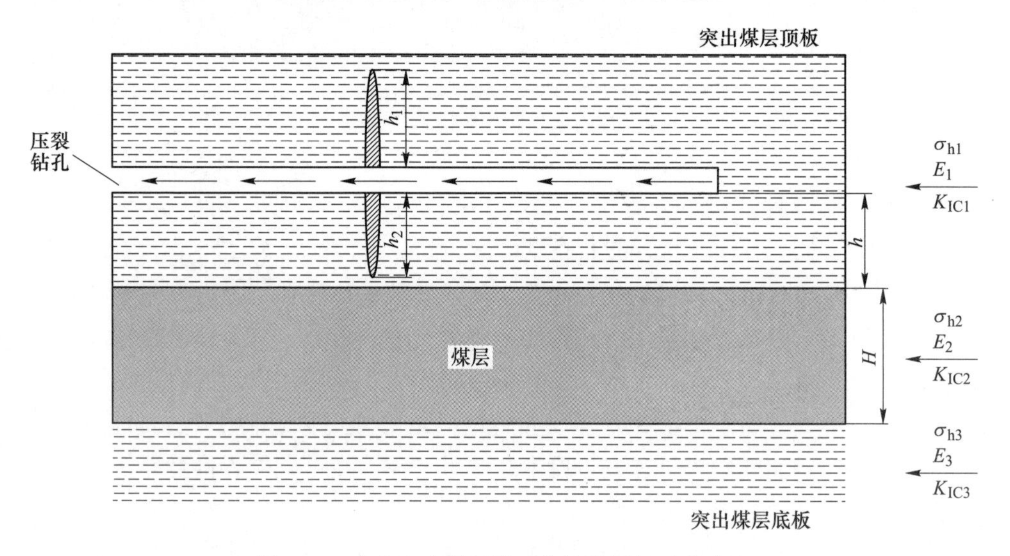

图 5-11 进入突出煤层前对称性扩展的压裂裂缝

随着压裂液持续泵注进入压裂裂缝，垂直缝继续在煤层顶板内扩展。垂直缝扩展过程中需要同时克服最小水平主应力 σ_h、岩石抗拉强度 σ_t 的约束[185]。由式（5-1）可知，突出煤层顶板岩层的最小水平主应力 σ_{h1}、抗拉强度 σ_{t1} 均大于突出煤层的最小水平主应力 σ_{h2}、抗拉强度 σ_{t2}。在煤岩交界面胶结完好、界面不产生滑动的情况下，裂缝终会穿过突出煤层顶板岩层下端进入突出煤层（$h_2 > h$，见图 5-12），裂缝尖端的缝内净压力将随之增大，此时压裂裂缝在突出煤层中的扩展与煤体结构性质直接相关，存在无法压穿突出煤层的可能性。

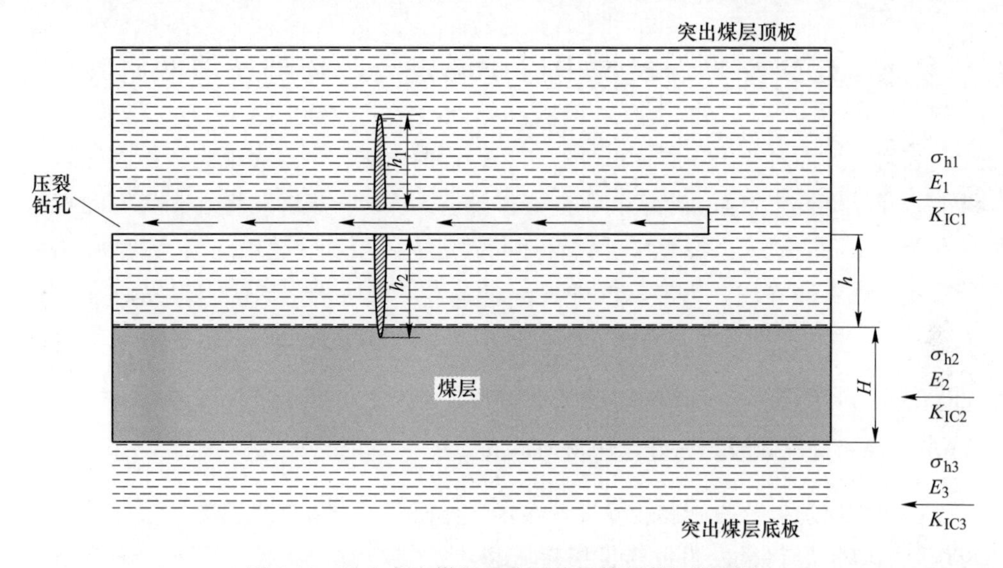

图 5-12 进入突出煤层后非对称性扩展的压裂裂缝

如图 5-12 所示，压裂裂缝上端、下端分别在不同应力的突出煤层顶板岩层内、突出煤层内非对称性扩展延伸，下缝高 h_2 可由下式得出[185]：

$$h_2 = \frac{p_{net}^2 + \frac{4}{\pi}(\sigma_{h2} - \sigma_{h1})^2 \left[\arccos\left(\frac{H}{h_1 + h_2}\right)\right]^2 + 2p_{net}\frac{2}{\pi}\arccos\left(\frac{H}{h_1 + h_2}\right)}{K_{IC2}^2}\pi \tag{5-50}$$

式中 p_{net}——缝内净压力，MPa；

σ_{h1}，σ_{h2}——突出煤层顶板岩层、突出煤层受到的最小水平主应力，MPa；

H——突出煤层厚度，m；

K_{IC2}——突出煤层的断裂韧性。

由式（5-50）可知，下缝高 h_2 与突出煤层顶板岩层、突出煤层之间的最小水平主应力差呈正相关关系，即最小水平主应力差越大，下缝高越大，裂缝进入突出煤层内的垂向距离越大。压裂裂缝缝高还与缝内净压力、地层渗透率、地层断裂韧性差、天然裂缝、施工排量、压裂液黏度等因素有关[120,187-215]。

若突出煤层内压裂裂缝穿过煤岩交界面进入突出煤层底板岩层即 $h_2 > (h + H)$

后，压裂裂缝扩展过程中同样要克服最小水平主应力 σ_{h3} 、底板岩石抗拉强度 σ_{t3} 的约束，但由于突出煤层底板岩层的最小水平主应力 σ_{h3} 、抗拉强度 σ_{t3} 均大于突出煤层的最小水平主应力 σ_{h2} 、抗拉强度 σ_{t2} ，缝内净压力将下降，裂缝在突出煤层内的垂向扩展受阻。

5.6 煤岩交界面对突出煤层顶板分段压裂裂缝的影响

煤岩交界面对突出煤层顶板分段压裂裂缝的影响，主要表现为顶板内压裂裂缝能否穿过煤岩交界面，继续在垂向上扩展进入煤层。裂缝与煤岩交界面的相对位置关系主要表现为：裂缝穿过煤岩交界面进入煤层、裂缝沿煤岩交界面扩展、裂缝止于煤岩交界面，与岩层间弹性模量、岩层上所受垂向应力、界面性质有关[206,216]，但现有的关于煤岩交界面对突出煤层顶板分段压裂裂缝影响的研究鲜有报道。

5.6.1 煤岩交界面胶结完好无伪顶的情况

突出煤层顶板分段压裂裂缝进入煤岩交界面后，煤岩交界面物性特征可能诱导压裂裂缝扩展路径发生偏转，损耗压裂液扩展能量，降低裂缝进入煤层的概率。当直接顶与煤层之间无伪顶时，岩层上所受垂向应力越大，煤岩交界面胶结强度、界面摩擦因数越大，顶板内压裂裂缝越容易穿过煤岩交界面进入煤层[206]。顶板内的压裂裂缝能否穿过煤岩交界面进入煤层与裂缝内流体压力紧密相关，下面对不同岩层之间的裂缝流体压力进行对比分析。

实际压裂储层中压裂裂缝扩展为三维模型，为有针对性地研究无伪顶且煤岩胶结完好时裂缝扩展规律，将储层简化为二维模型，模型所受应力、剖面如图 5-13 所示，θ 为水平剖面与煤岩交界面之间的夹角，$0° < \theta < 90°$。

假设煤岩交界面胶结完好，界面不产生滑动。根据断裂力学理论，对于张开型裂纹，压裂裂缝在目标压裂储层中的起裂都遵循以下判别准则：压裂裂缝的应力强度因子 K_I 大于临界应力强度因子 K_{IC} ，压裂裂缝开始扩展[201]。

$$K_I \geqslant K_{IC} \tag{5-51}$$

式中 K_I ——压裂裂缝的应力强度因子，受缝长、缝内净压力的影响，$MPa \cdot m^{1/2}$；

K_{IC} ——临界应力强度因子，$MPa \cdot m^{1/2}$。

$$\begin{aligned} K_I &= -\sigma_n \sqrt{\pi a} = (p - \sigma_h)\sqrt{\pi a} \\ K_{IC} &= \sqrt{\frac{2E\gamma}{1-\nu^2}} \end{aligned} \tag{5-52}$$

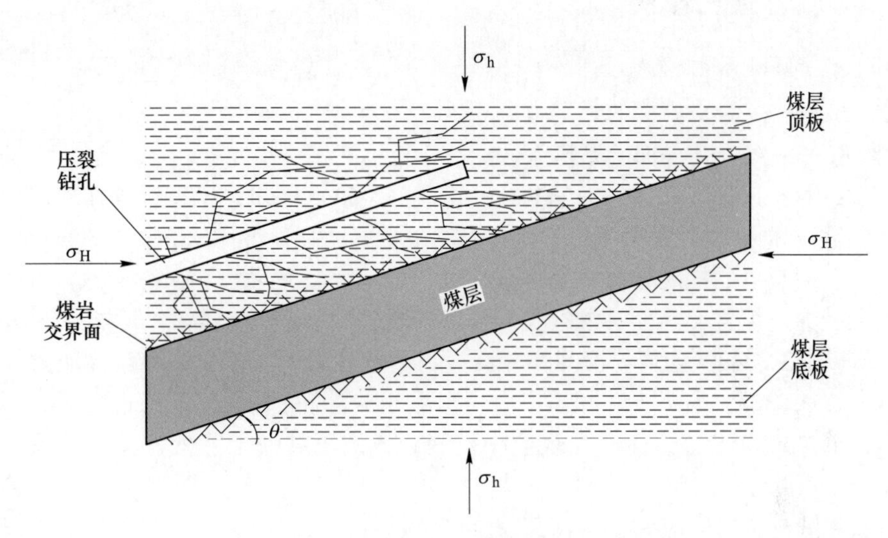

图 5-13 水平井压裂裂缝与煤岩交界面遭遇模型

式中 σ_n——压裂裂缝面上的正应力，MPa；

p——裂缝内流体压力，MPa；

a——压裂裂缝的半长，m；

γ——裂缝的表面能，MPa · m。

把式（5-52）代入式（5-51），得出压裂裂缝在顶板、煤层中扩展的临界流体压力分别为 p_1、p_2：

$$p_1 = \sqrt{\frac{2E_1\gamma_1}{\pi a(1 - \nu_1^2)}} + \sigma_h$$
$$p_2 = \sqrt{\frac{2E_2\gamma_2}{\pi a(1 - \nu_2^2)}} + \sigma_h \tag{5-53}$$

式中 E_1——顶板岩石的弹性模量，GPa；

γ_1——顶板中裂缝的表面能，MPa · m；

ν_1——顶板的泊松比，无因次量；

E_2——煤体的弹性模量，GPa；

γ_2——煤层中裂缝的表面能，MPa · m；

ν_2——煤体的泊松比，无因次量。

结合第 2 章中煤岩力学参数可知，压裂裂缝在顶板中扩展的临界流体压力 p_1 大于在煤层中扩展的临界流体压力 p_2。

裂缝扩展至煤岩交界面发生剪切破坏的流体压力[201] p_3 为：

$$p_3 = \frac{c}{K_f} + \frac{\sigma_H - \sigma_h}{2}\left(1 - \cos 2\theta - \frac{\sin 2\theta}{K_f}\right) + \sigma_h \tag{5-54}$$

式中 c——煤岩交界面的黏聚力，MPa；

K_f——煤岩交界面的摩擦系数。

通过对比顶板、煤体的力学参数，由式（5-53）可知，压裂裂缝在顶板中扩展的临界流体压力 p_1 大于压裂裂缝在煤层中扩展的临界流体压力 p_2，即 $p_1 > p_2$。因此，压裂裂缝的扩展方式主要可分为以下 3 种：（1）若 $p_3 > p_1 > p_2$，顶板中压裂裂缝穿过煤岩交界面，继续在煤层中扩展；（2）若 $p_1 > p_2 > p_3$ 或 $p_1 > p_3 > p_2$，顶板中压裂裂缝与煤岩交界面相交后，裂缝将沿 p_2、p_3 中临界流体压力较小的方向扩展；（3）若 p_2、p_3 相差不大，则部分压裂裂缝沿煤岩交界面扩展、部分压裂裂缝穿过煤岩交界面后在煤层中扩展，导致压裂效果降低、瓦斯抽采率受影响。

根据式（5-53）可知，若压裂裂缝穿过煤层进入底板后，压裂裂缝在煤层中扩展的临界流体压力小于在底板中扩展的流体压力，也就是说，若裂缝压穿煤层进入底板后，缝内净压力降低，裂缝在垂向上的扩展受到限制，缝内净压力的下降限制了压裂裂缝在底板内垂向方向上的扩展距离。

室内试验及现场工业性试验结果表明[77,180-181,204-205,217]：在煤岩交界面胶结完好、理想的应力条件下，仅考虑煤岩物性参数时，压裂裂缝能否在垂向上穿越煤岩交界面，主要与顶板、煤层之间的弹性模量差有关，具体如下：

（1）压裂裂缝从高弹性模量储层扩展至低弹性模量储层或者储层间弹性模量相差不大，顶板中压裂裂缝将穿过煤岩交界面继续在煤层中扩展。这是因为高弹性模量岩石破坏前弹性蓄能能力强，压裂裂缝释放的能量强。由于顶板与煤层的弹性模量差较大，当顶板中压裂裂缝在垂向上扩展至煤岩交界面时，裂缝尖端的压裂液能量瞬间释放，压裂曲线产生明显的憋压现象，煤岩交界面有不同程度的开启，促使煤层中形成不同方位的压裂裂缝。随着压裂液的持续泵注，不同方位的压裂裂缝同时扩展延伸，有利于形成裂缝网络结构，即储层间的弹性模量差越大，裂缝形态越复杂。

（2）压裂裂缝从低弹性模量储层扩展至高弹性模量储层，压裂裂缝可能止于煤岩交界面停止扩展，或转向至煤岩交界面形成“T”形缝。这是因为弹性模量小的储层缝宽大、缝高小，压裂裂缝扩展至高弹性模量储层时，交界面处裂缝尖端的应力强度因子趋于零，压裂裂缝可能停止扩展，缝高处于低弹性模量储层中。

5.6.2 煤岩交界面不完全胶结存在伪顶的情况

煤田勘探钻孔资料表明，中马村矿二$_1$煤层顶板岩性多为砂质泥岩、粉砂岩，少有强水敏性的泥岩或者炭质泥岩。当直接顶与煤层之间存在伪顶时，直接顶与煤层之间存在两个交界面：煤层与伪顶交界面、伪顶与直接顶交界面。研究表明，伪顶与直接顶交界面胶结强度、界面摩擦因数越小，顶板内压裂裂缝则趋于伪顶与直接顶之间的交界面扩展延伸，压裂效果、压裂范围有所下降，瓦斯抽采效率受到影响[120]；伪顶与直接顶交界面的摩擦因数越大，界面抗剪强度大于伪顶所受最小水平主应力及其抗拉强度之和时，裂缝才会扩展进入伪顶，伪顶遇水膨胀，不利于压裂裂缝沟通突出煤层，此时可通过增大施工排量、增大缝高，促使压裂裂缝向下沟通煤层。但是不排除局部区域存在天然裂隙，压裂裂缝穿过此处进入突出煤层的现象。在压裂裂缝遭遇煤层与伪顶交界面时，裂缝扩展路径同上。

综上所述，突出煤层顶板分段压裂裂缝与煤岩交界面相交后，压裂裂缝扩展路径与煤岩物性参数、煤岩交界面的摩擦系数 K_f 、水平剖面与煤岩交界面的夹角 θ 、煤岩交界面的黏聚力 c 、最小水平主应力 σ_h 等因素有关。

6 现场工程案例分析

6.1 压裂井井型

6.1.1 水平井压裂层位

中马村矿主采二$_1$煤层，相比于不易成孔的软煤，在煤层顶底板中施工压裂井钻进压裂，更有利于煤层气的抽采，而顶底板中含水层的分布是影响储层改造效果、压裂层位选择的关键因素。二$_1$煤层附近的主要含水层为：

（1）奥陶系灰岩岩溶裂隙承压含水层。该灰岩裂隙岩溶较为发育，具有较强的富水性。

（2）太原组下段灰岩含水层。由 L_1、L_2、L_3灰岩组成，该灰岩含水层同样具有较强的富水性。

（3）太原组上段灰岩含水层。由 L_7、L_8、L_9灰岩组成，其中 L_8灰岩含水层具有较强的富水性，由于其具有很强的不均一性，很难对其进行疏排，是影响二$_1$煤层安全高效开采的关键含水层。

（4）二$_1$煤层顶板砂岩含水层。该含水层富水性较弱，易于疏排。

二$_1$煤厚度为 0.10～13.53m，平均 4.90m，为稳定可采煤层，位于山西组下部，下距太原组顶部 L_9灰岩或硅质泥岩约 11.95m，距 L_8石灰岩 28m，距太原组下部 L_4石灰岩约 68.81m，距 L_2石灰岩 85.03m，距本溪组铝土质泥岩约 98.31m，距奥陶系石灰岩 132.79m；上距香炭砂岩约 19.50m，距砂锅窑砂岩 67.09m 左右。

本次水平井压裂层位主要考虑含水层位、水敏性岩层两个方面：一方面，现有资料显示，L_2灰岩、O_2灰岩含水层曾造成突水淹井事故，且 L_8灰岩含水层也具有很强的富水性，为保证压裂液有效排出且有利于产气排采，底板中不适合布设水平压裂井；另一方面，由第 2 章中突出煤层顶底板岩性特征分析可知，煤层顶板为粉砂岩、砂质泥岩，少有泥岩、炭质泥岩，表明将水平压裂井布设在顶板岩层中具备形成裂缝网络结构的客观条件，且保持较高的导流能力。综合上述分析，本次水平压裂井最终布设在 39061 工作面煤层顶板砂岩层中进行压裂。通过

第 4 章中的数值模拟分析结果可知，突出煤层顶板分段压裂岩层为中砂岩层时，能够更好地实现储层改造。

6.1.2 井身结构及井型

为满足后期压裂、排采需求，选择水平井作为压裂段、直井作为排采井。由于实际煤层是上下起伏的，走向具有不确定性，水平压裂孔在钻进过程中，无法保证水平井严格按照煤层的起伏走向精准钻进。为防止压裂钻孔钻遇煤层，影响最终的压裂效果，水平井段采用随钻测斜仪+伽马系统、岩屑分析，实时测量地层伽马、地层的上、下、井斜、方位等井下参数判断地层，将压裂钻孔布设在距煤层顶端 1~5m 的稳定岩层中。

根据采用的地质导向、对接技术，最终选择水平井、直井相对接的井型结构——U 型井，设计的 U 型井井位如图 6-1 所示。该井由一口直井 U1V 和一口水平井 U1H 组成，设计水平井平直段位于二$_1$煤层上方 5m 左右，与 39041 工作面设计回风巷平行。

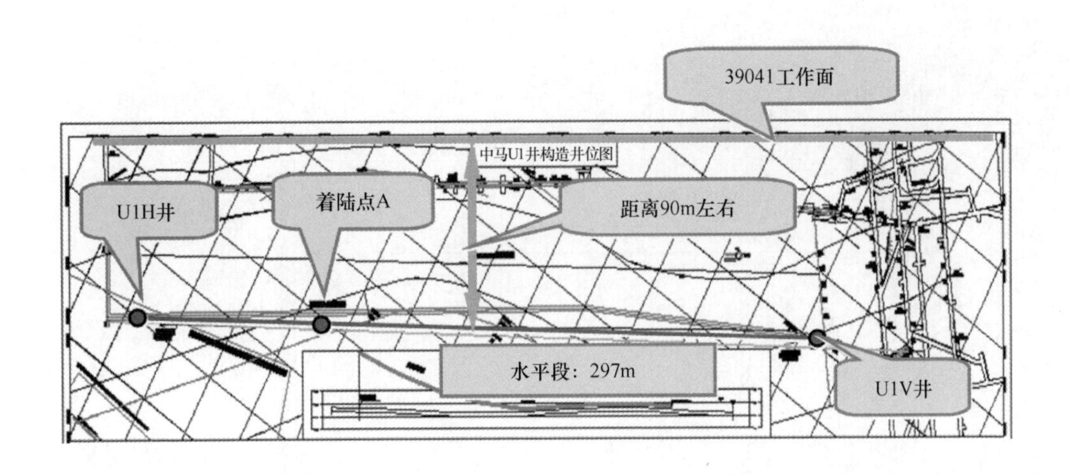

图 6-1 压裂井与 39041 工作面的相对位置

水平井分段压裂理论研究的难点包括压裂裂缝起裂、压裂裂缝延伸、压裂裂缝几何尺寸、支撑剂输送等，上述难点均与水平井特殊的井身结构有关。图 6-2 为 U 型井井身结构示意图，图 6-3 为压裂井设计井眼轨迹示意图。

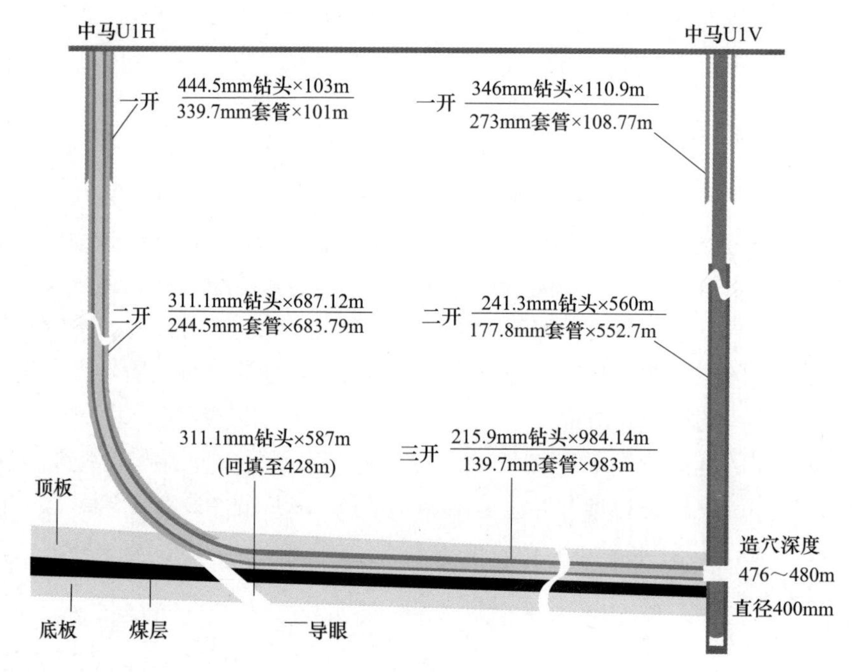

图 6-2 井身结构示意图[1,119,127]

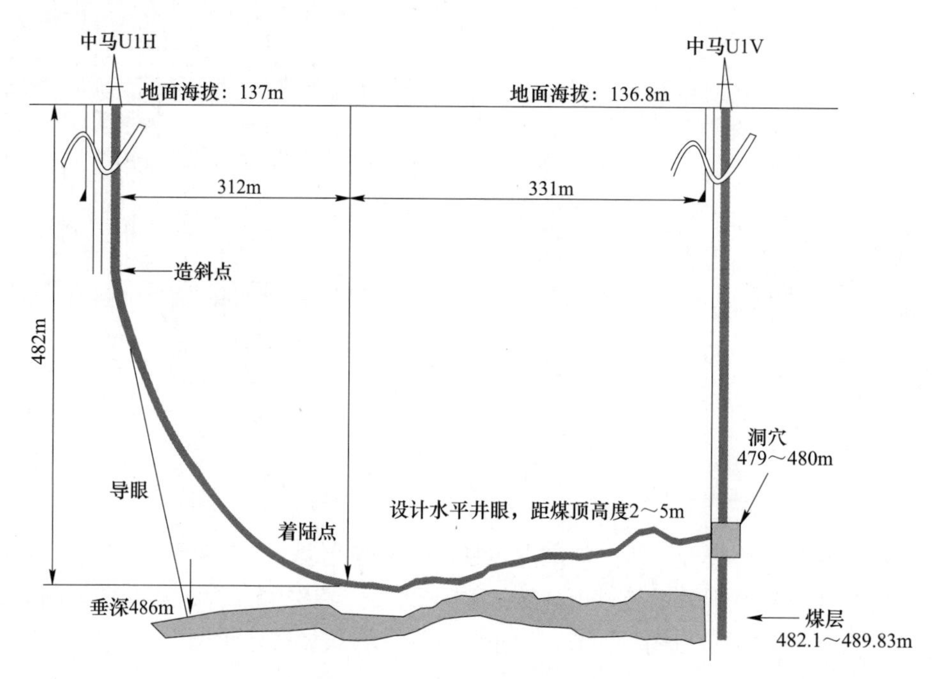

图 6-3 实际井眼轨迹示意图[120]

6.2 突出煤层顶板储层改造技术选型

本次分段压裂具有以下不利因素：(1) 39061 工作面煤层顶板中的压裂钻孔与已开采的 39041 工作面之间的最短距离仅为 90m，压裂裂缝存在沟通已采工作面的可能性，进而影响最终的排采效果；(2) 压裂钻孔垂深约为 480m，根据第 5 章的分析得出该层位容易形成水平缝，影响顶板内的压裂裂缝穿过煤岩交界面沟通煤层；(3) 压裂地层中水平段方向的岩性包括砂岩、砂质泥岩、粉砂岩、泥岩等，给压裂参数设计带来了困难；(4) 需避免压裂裂缝沟通 L_8 灰岩含水层，同样对压裂参数的设计提高了要求。因此，亟需针对上述不利条件，选择合适的突出煤层顶板储层改造技术。煤储层围岩缝网改造理论与技术体系如图 6-4 所示。

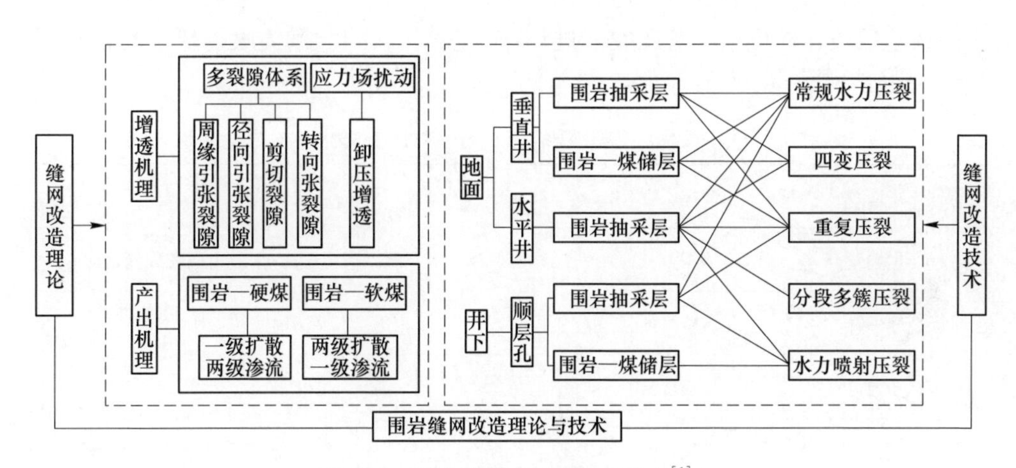

图 6-4 围岩缝网改造理论与技术[1]

压裂井的钻孔特点、施工要求和地应力特点如下：

(1) 钻孔特点及施工要求。通过对第 2 章中的工程背景分析可知，此次压裂规模不宜太大，且不能压穿、连通已采的 39041 工作面，需要定向、定施工排量压裂，这正是水力喷射压裂的特点。水力喷射压裂是一种精准有效，可选择压裂位置，且能形成多裂缝的增产作业方式。运用水力喷射可以对裂缝实现导向，然后通过段与段之间的应力场相互干扰，进而在突出煤层顶板中形成复杂缝，促进裂缝沟通煤层。

(2) 地应力。由第 2 章中地应力分析可知，水平压裂井煤层埋藏较浅，垂向应力最小，压裂时极易形成水平缝；煤层应力高于煤层顶板岩层应力，不利于顶板内的压裂裂缝向下扩展沟通突出煤层。而水力喷射压裂技术可以借助喷嘴的定向射孔作用，预先形成导向缝；采用分段压裂技术，可以在突出煤层顶板内形成裂缝网络结构，以最大程度地覆盖39061工作面，为煤层中瓦斯提供高速运移通道，即在煤层顶板内形成高导流能力的裂缝通道。

综上所述，压裂井采用“水平井—顶板压裂—水力喷射分段压裂技术”进行突出煤层顶板储层改造。在突出煤层顶板中实施分段压裂技术后，顶板中可形成裂缝网络结构，裂缝网络结构与煤层沟通的范围远大于本煤层钻孔与煤层的沟通范围，相当于在顶板中建立一条瓦斯运移的高速通道，瓦斯由煤层解吸、扩散、渗流到顶板后被快速抽出。同时，可对原岩应力场进行扰动卸压、沟通软煤层，该技术突破了突出煤层无法实现商业化开发的禁锢。

水力喷射压裂技术是综合射孔、水力压裂技术的工艺技术，能同时实现封隔、定位射孔及定点压裂等作业步骤，无需机械密封装置，且当压裂下一层段时，已压开的层段中裂缝将不再扩展，可实现自动封隔，移动管柱后将喷嘴放置下一改造层段，即可依次对压裂井进行储层改造[218-219]。水力喷射压裂与常规压裂的对比[141,148-150]见表6-1。

表6-1 常规压裂与水力喷射压裂对比

特性	常规压裂	水力喷射压裂
产生裂缝	压力	由射流产生裂缝，环空压力+射流增压使裂缝延伸
裂缝位置	无法精确预测	精确
裂缝初始位置	无法预测	可确定
封隔方式	机械一段	水力封隔一次多段

水力喷射压裂技术优点主要有：（1）无需机械封隔或化学封隔，减少作业时间，节约施工材料，降低作业风险；（2）实现了一趟管柱多段射孔和压裂；（3）准确实施定点造缝，实现了可根据设计在井段内的任意位置精准定位；（4）能够避免同时形成多条横向裂缝，降低多条裂缝竞争裂缝宽度、主裂缝无法形成而造成的施工压力过高、砂堵概率增大的现象。

射流在射孔体积内形成的增压作用，是射流动压向静压的转化，在高速高压下重力的影响可忽略不计。根据伯努利方程、动量守恒定律，可以得出水力喷射压裂过程中的压力分布，如图6-5所示。

水力喷射分段压裂工艺技术作为一项系统工程，具有一套完备的技术流程，各项工艺之间紧密配合才能达到理想的压裂效果，具体的技术流程为：水力喷射

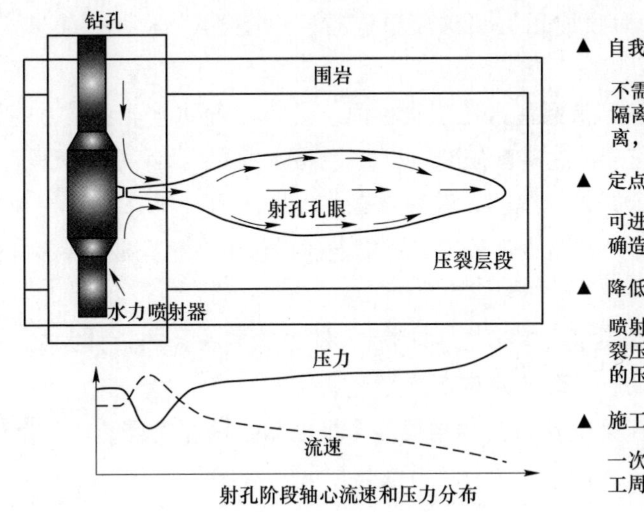

图 6-5 水力喷射压裂压力分布示意图[218]

分段压裂设计—压裂钻孔施工—洗孔—组装水力喷射分段压裂装置—下封隔器—喷砂射孔—顺序压裂—排水降压—联管抽采。

（1）水力喷射分段压裂设计。根据地应力、压裂储层物性特征、采空区距离、煤层含气量、水文地质特征等，基于突出煤层顶板分段压裂增透机理，对分段压裂位置、水力喷射压裂方向、施工参数、压裂液和支撑剂等进行优化设计。

（2）压裂钻孔施工。施工的钻孔方向及质量直接决定了水力喷射分段压裂效果，钻孔施工的岩层及其内部的裂隙特征影响了压裂裂缝扩展路径、形态特征。此外，还需考虑压裂泵尺寸、水压、地应力等因素。基于突出煤层围岩水力强化工艺、以孔代巷区域瓦斯治理技术，运用携带随钻测斜仪的常规回转钻机或千米定向钻机，在突出煤层顶板中施工超长钻孔。在钻孔施工的过程中，实时监测钻孔轨迹，描述钻孔岩芯，记录钻孔施工中的异常点、钻孔深度等。

（3）洗孔。为了保障钻孔质量、孔壁不受污染，运用活性水将钻孔清洗干净。

（4）组装水力喷射分段压裂装置。为实现定点造缝、分段压裂的效果，对水力喷射分段压裂装置进行组装。

（5）下封隔器。分段压裂的关键是运用封隔器等设备，依据分段压裂设计方案，将压裂储层内的钻孔进行分割。如果存在钻孔不稳定的压裂段，可通过预置预留喷射孔的套管进行固孔，运用注浆的手段对套管与孔壁之间的区域进行加固。

（6）喷砂射孔。待封隔器坐封形成密闭空间后，通过高压泵向油管中注入携砂压裂液，运用水力喷射压裂喷嘴装置进行喷砂射孔，达到定点造缝的效果。

（7）顺序压裂。将压裂液泵注入压裂管柱内，实时监测并记录水压力变化、压裂时间等信息，通过压裂曲线判断压裂液滤失、压裂效果，待第一压裂段压裂完成后关闭压裂泵。然后解封封隔器，清洗钻孔，根据水力喷射分段压裂方案，将封隔器从压裂钻孔底端外移至设计位置，重复上述操作，直至完成压裂钻孔全段压裂。

（8）排水降压。压裂钻孔全段压裂完成后，排尽压裂钻孔内液体，如果压裂钻孔为下向钻孔，可以通过智能排水装置实施排水作业。

（9）联管抽采。待压裂钻孔内液体排尽后，排出钻孔内煤岩屑，联入负压，按照"连续、缓慢、稳定"的六字方针，开展煤层气排采作业。

6.3 现场工程案例方案

6.3.1 水力喷射压裂位置

6.3.1.1 压裂位置设计

突出煤层顶板分段压裂的目的是产生应力场干扰现象，进而形成裂缝网络结构。由第 5 章可知，压裂段间距决定了水平井段裂缝条数，是影响水平井产气能力的重要因素。压裂方式分为多段同时压裂、分段分次压裂模式，由于多段同时压裂所需压裂液多，对压裂泵源装置要求高，在压裂时容易产生应力集中现象，不利于段间的压裂裂缝进一步扩展、沟通，反而分段分次压裂能够有效避免产生应力集中现象，利于裂缝间相互沟通，所以本次突出煤层顶板分段压裂作业选用分段分次压裂模式。

为实现水力喷射分段压裂的目的，关键在于考虑地层裂隙发育和固井质量的综合影响，其中固井质量是影响能否实现分段压裂的重要因素，固井质量检测曲线如图 6-6 所示。

通过第 5 章中的段间距分析可知，分段压裂段间距过大时，压裂裂缝间的干扰较小，可能仅形成相互孤立的引张裂缝，起不到储层缝网改造的效果。因此，根据水平井所在地层的地质特征、水平井段长，考虑到水力喷射压裂具有较低排量的特点，将本次水平井段分为 4 段进行压裂，以形成有效的裂缝网络结构。起裂补孔位置如图 6-7 所示，分段压裂位置见表 6-2。

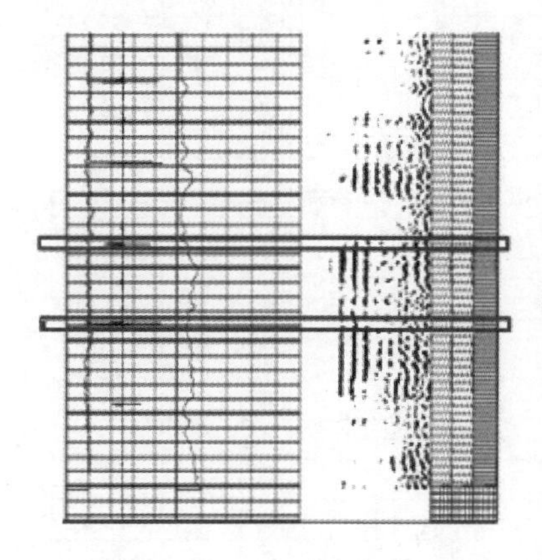

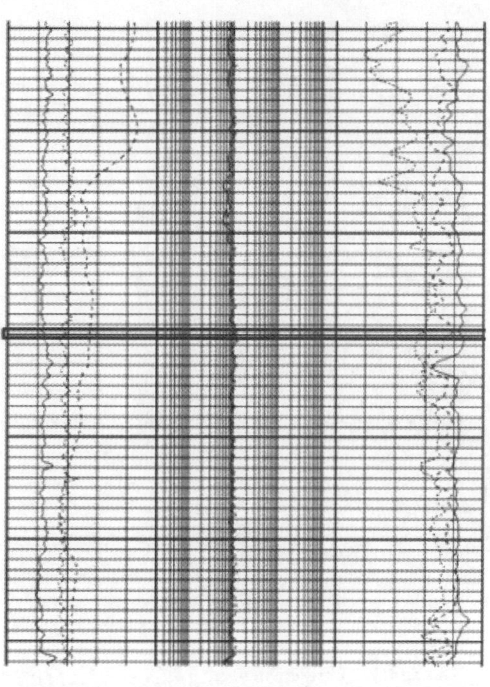

起裂位置：920.0m

接箍位置：926.2m, 915.9m

(a)

第2段：820～870m

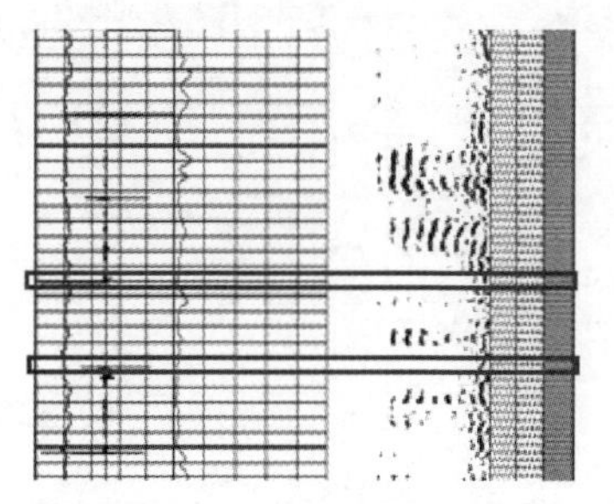

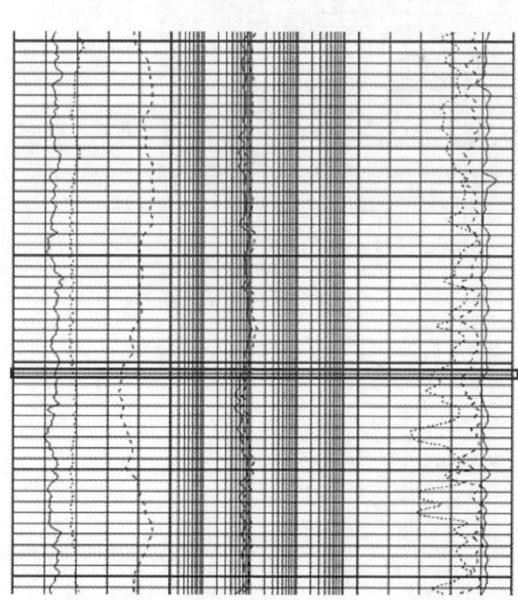

起裂位置：852.0m

接箍位置：849.0m, 959.0m

(b)

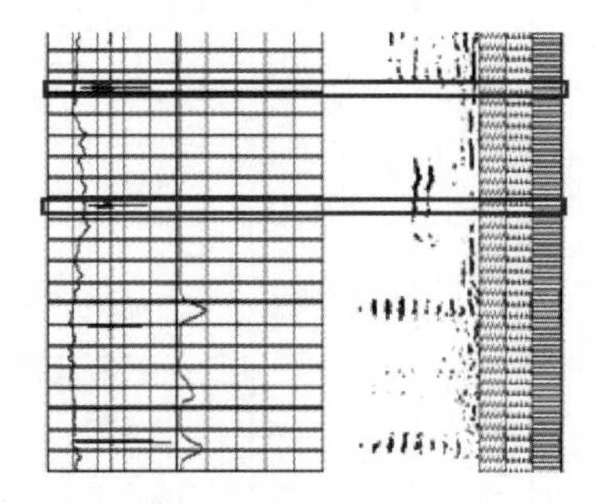

起裂位置：778.0m

接箍位置：780.2m, 769.8m

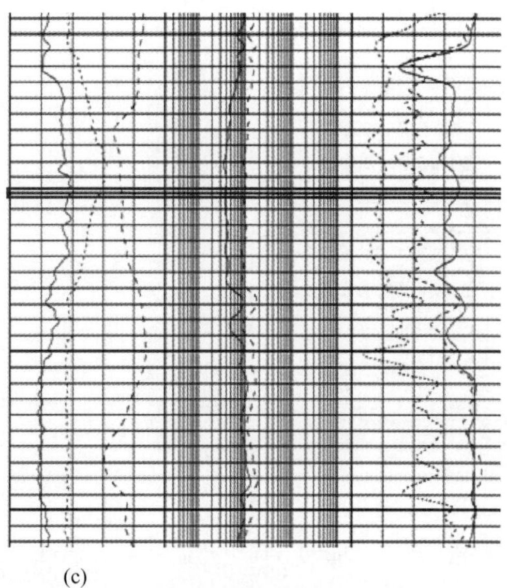

(c)

第4段：700～750m

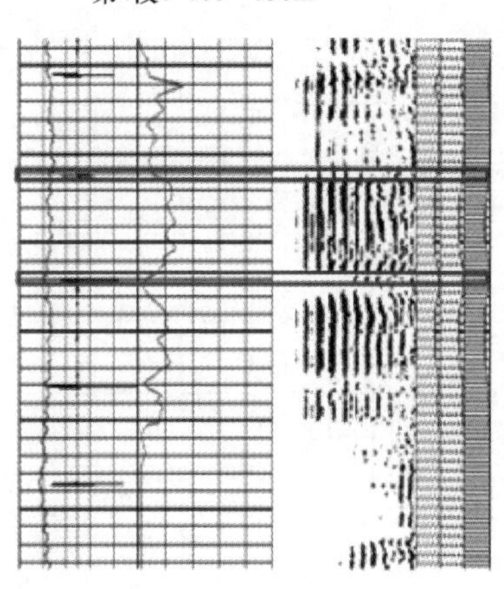

起裂位置：720.0m

接箍位置：712.2m, 724.1m

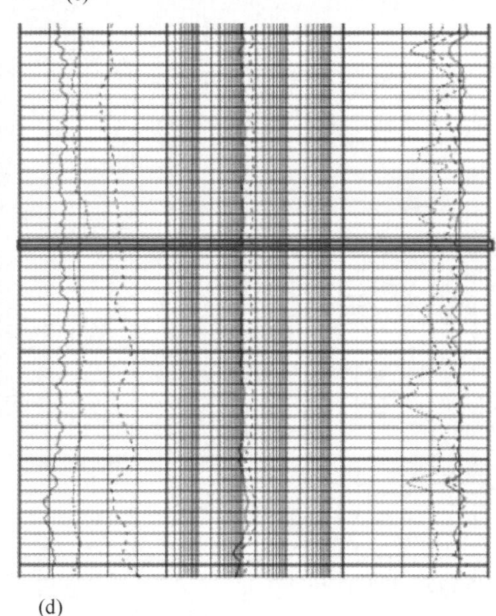

(d)

图 6-6 固井质量检测曲线

（a）第一段测录井曲线；（b）第二段测录井曲线；
（c）第三段测录井曲线；（d）第四段测录井曲线

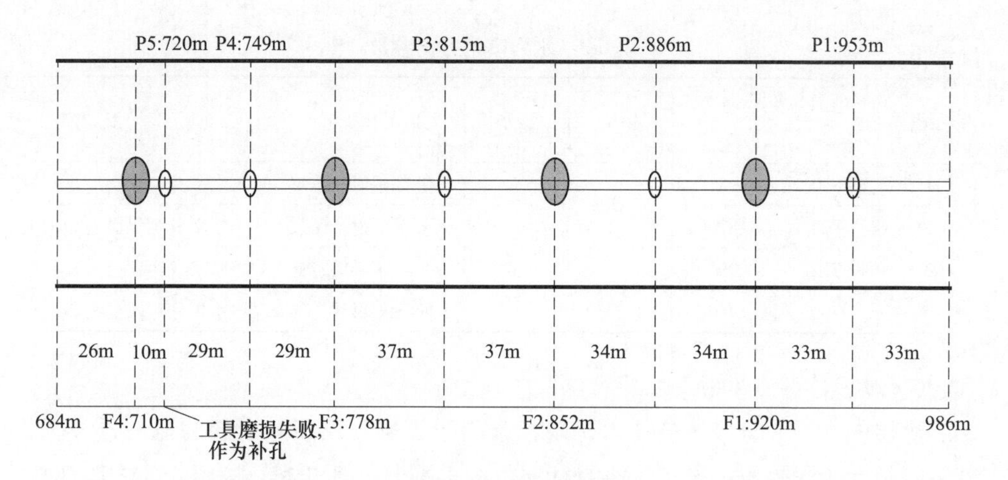

图 6-7 起裂补孔位置

表 6-2 分段压裂位置

压裂分段	F1	F2	F3	F4
起裂点斜深/m	920	852	778	710
起裂点垂深/m	478.2	479.3	481.8	481.8
斜度/(°)	91.3	91.8	90.0	91.7
方位/(°)	61.5	58.4	58.5	59.7
与下部煤层最小距离/m	5	5	1	2
与煤矿巷道最小距离/m	90	90	90	90
压裂地质设计建议井段/m	890~950	820~870	770~800	700~750
水力喷砂射孔	P1′	P2′	P3′	P4′/P5′
射孔点斜深/m	953	886	815	749/720
与下部煤层最小距离/m	5	5	1	2

6.3.1.2 水力喷射方向参数

由图 6-3 可知，水平井段与二$_1$煤层之间的间距由 5m 降至 1~2m。为实现突出煤层顶板内压裂裂缝与煤层沟通且缝网覆盖面积尽可能大，确定了以下原则：当水平井距离煤层 1~2m 时，使水力喷射方向沿煤层走向；当水平井距离煤层顶部约 5m 时，使水力喷射方向同时水平、向下喷射压裂，具体参数见表 6-3。

表 6-3　水力喷射方向参数

<table>
<tr><th rowspan="2">层段</th><th colspan="2">射孔井段/m</th><th rowspan="2">相位</th><th rowspan="2">孔密</th><th rowspan="2">射孔要求</th><th rowspan="2">备　注</th></tr>
<tr><th>起</th><th>止</th></tr>
<tr><td>1</td><td>890</td><td>950</td><td rowspan="2">90°螺旋</td><td rowspan="4">16 孔/m</td><td>上部不射孔压裂</td><td>水平井距煤层约 5m</td></tr>
<tr><td>2</td><td>820</td><td>870</td><td>上部不射孔压裂</td><td>水平井距煤层约 5m</td></tr>
<tr><td>3</td><td>770</td><td>800</td><td rowspan="2">180°</td><td>平行于煤层走向</td><td>水平井距煤层约 1m</td></tr>
<tr><td>4</td><td>700</td><td>750</td><td>平行于煤层走向</td><td>水平井距煤层约 2m</td></tr>
</table>

6.3.1.3　水力喷射压裂装置

煤层气水平井分段压裂技术是现在常用于煤层气压裂施工的卸压增透技术，其关键是运用封隔器等设备，将目标层位的水平段分割开来，按照相应的距离一段一段封隔，依据施工现场设计的压裂施工方案实施分段压裂，以达到全水平段完全压裂的目的。通过实施分段逐级压裂能够增大钻孔与其周围层位的接触面积，扩大煤层气流向钻孔的流动通道，实现抽采目标层位中瓦斯的目的。压裂裂缝的起裂和扩展是分段压裂施工能否成功的关键，若压裂裂缝未能如期按照预想的方位起裂和扩展，不仅费工费时，甚至将会导致煤层受到无法逆转的损坏，造成煤层气流动通道堵塞，影响瓦斯抽采效果。图 6-8 为水力喷射压裂喷嘴装置，可实现在特定位置造缝的功能。

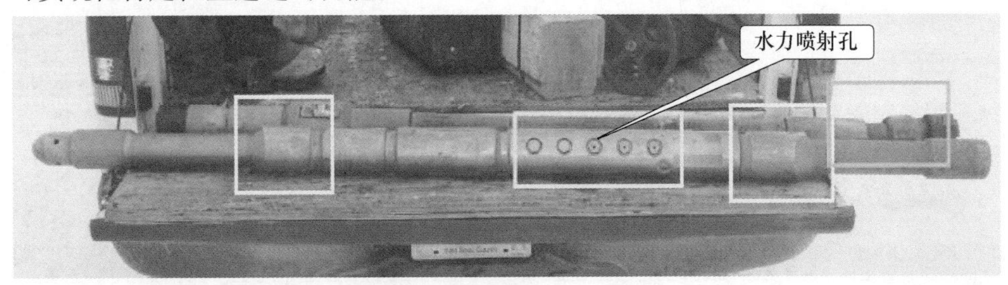

图 6-8　水力喷射喷嘴

6.3.2 压裂液和支撑剂选型

通过测试发现水平井段的温度为20℃左右，压裂时选用哈里伯顿FR66滑溜水压裂液体系（见图6-9），摩阻测试结果如图6-10所示。为提升压裂液返排效果，压裂过程中添加了不同的GasPerm1100助排剂。鉴于此次水平井埋深较浅，且闭合压力不高，为维持裂缝良好的导流能力及抗压强度，延长压裂井的有效增产期，最终选定20/40石英砂作为压裂支撑剂。施工的数量见表6-4。

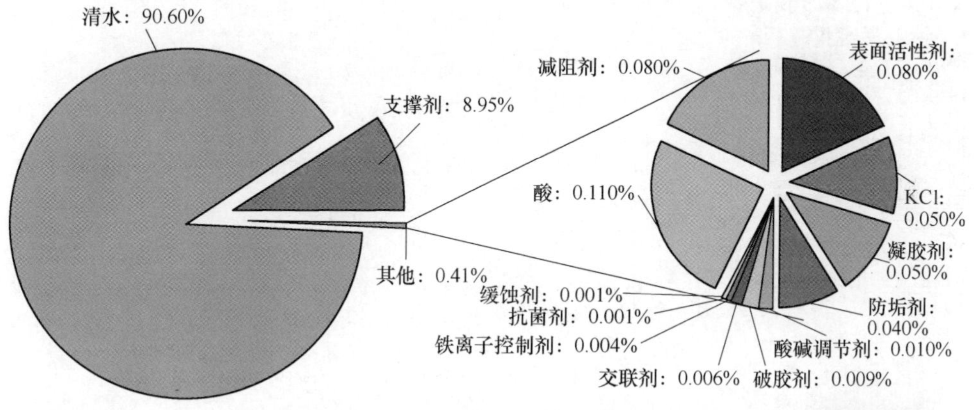

图6-9 滑溜水压裂液

图6-9彩图

图6-10 滑溜水摩阻实验

表6-4 压裂液和支撑剂数量

射孔液量/m^3	小型测试压裂液量/m^3	主压裂液量/m^3	总液量/m^3	配液量/m^3	段塞砂+射孔砂量/m^3	支撑砂量/m^3
400	24	1010	1434	1750	20	70

6.3.3　压裂裂缝形态模拟

由于水平井所处岩层存在天然裂缝等弱面结构，且地层埋深较浅，因此可能形成以水平裂缝为主的复杂缝。依据地层条件及设计方案，对突出煤层顶板分段压裂结果进行了模拟，射孔位置分布、4 段压裂裂缝形态分别如图 6-11 和图 6-12 所示。

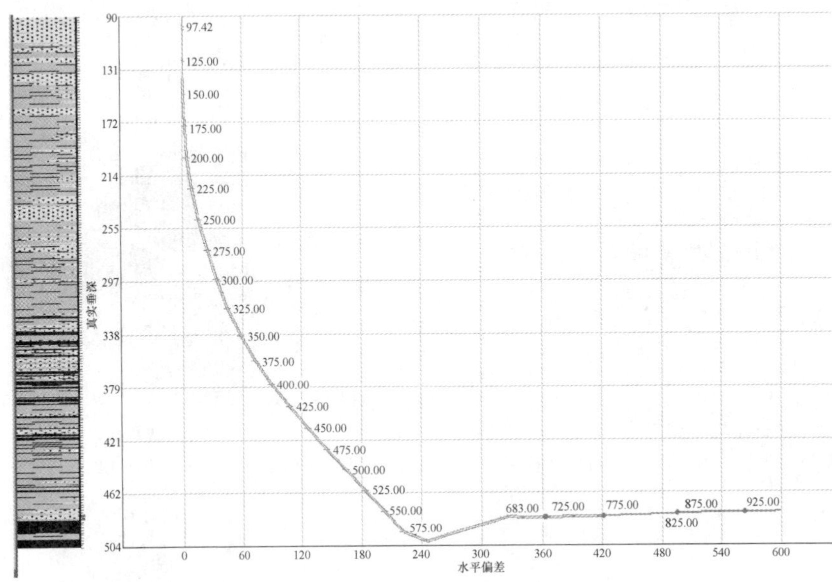

图 6-11　射孔位置分布

图 6-11 彩图

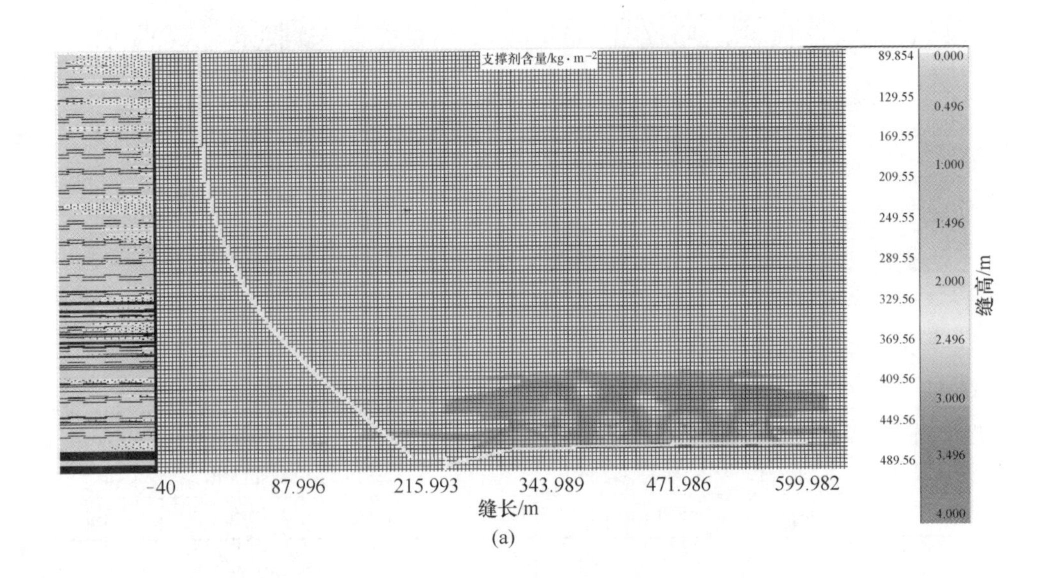

(a)

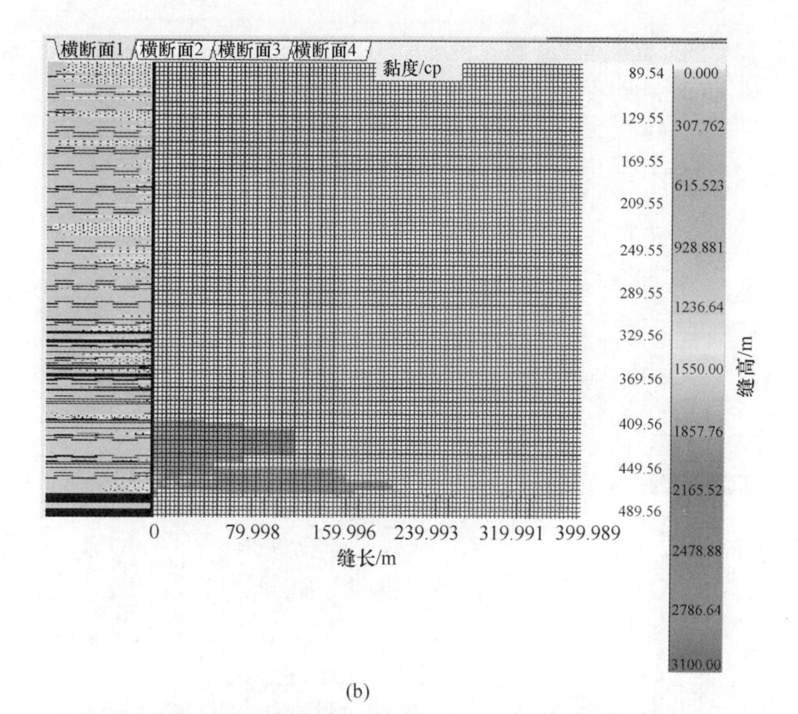
横断面1
横断面2
横断面3
横断面4
黏度/cp
89.54
129.55
169.55
209.55
249.55
289.55
329.56
369.56
409.56
449.56
489.56
0.000
307.762
615.523
928.881
1236.64
1550.00
1857.76
2165.52
2478.88
2786.64
3100.00
缝高/m
0
79.998
159.996
239.993
319.991
399.989
缝长/m

(b)

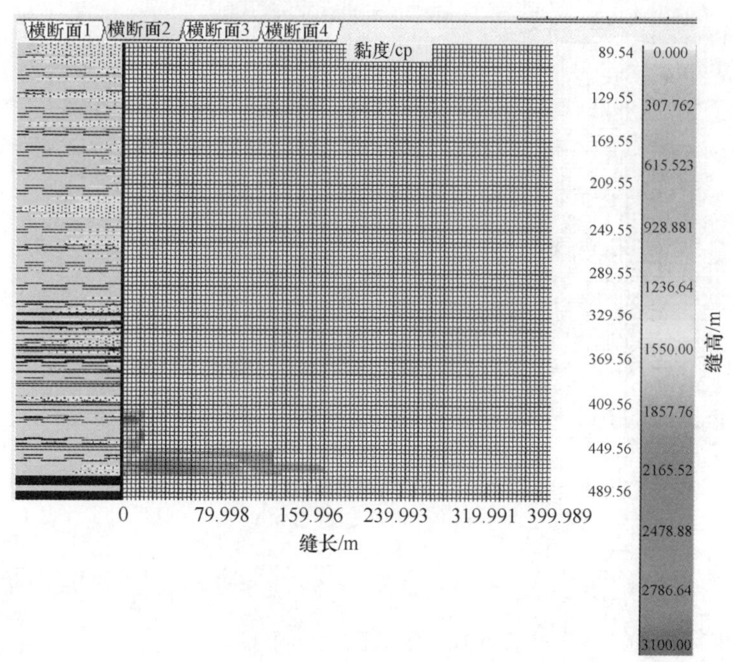
横断面1
横断面2
横断面3
横断面4
黏度/cp
89.54
129.55
169.55
209.55
249.55
289.55
329.56
369.56
409.56
449.56
489.56
0.000
307.762
615.523
928.881
1236.64
1550.00
1857.76
2165.52
2478.88
2786.64
3100.00
缝高/m
0
79.998
159.996
239.993
319.991
399.989
缝长/m

(c)

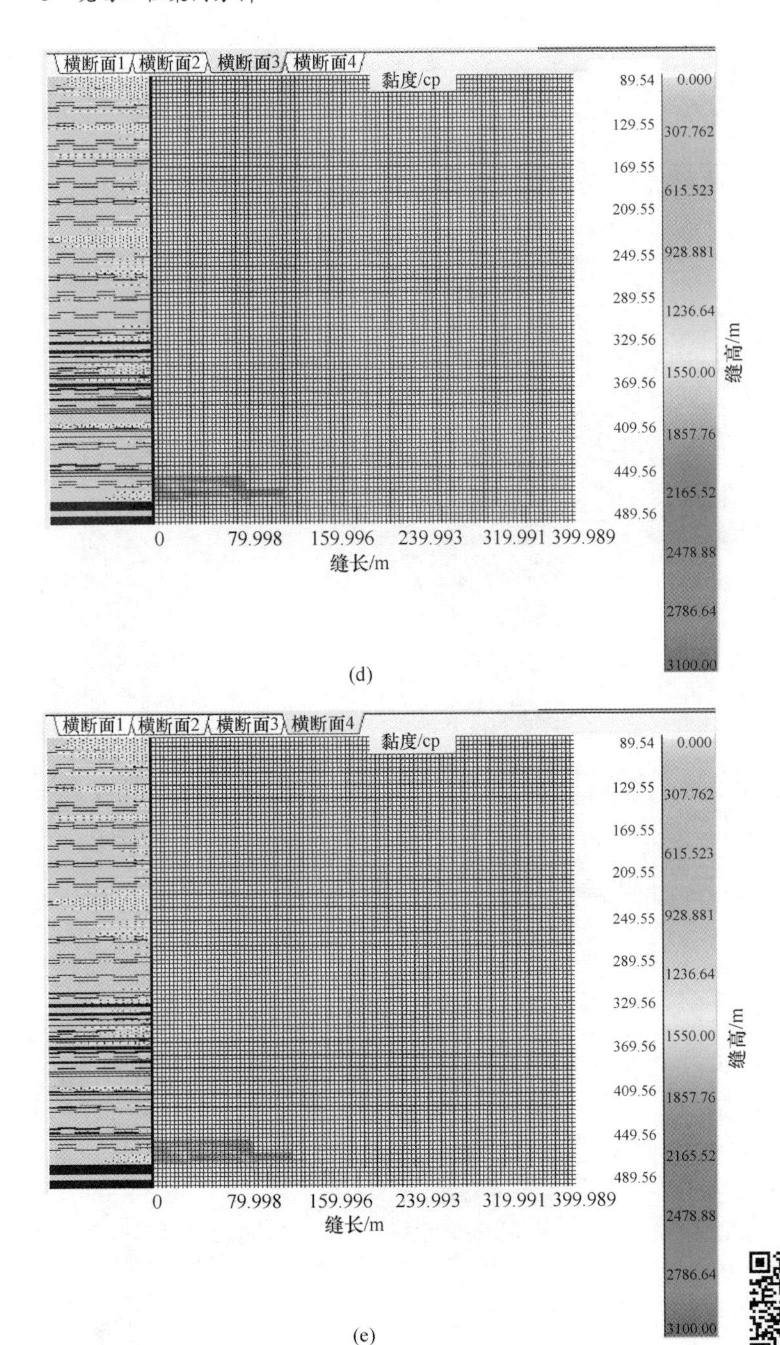

图 6-12 彩图

图 6-12 分段压裂裂缝形态

(a) 4 段压裂裂缝形态模拟结果；(b) 第 1 压裂段压裂裂缝形态；
(c) 第 2 压裂段压裂裂缝形态；(d) 第 3 压裂段压裂裂缝形态；(e) 第 4 压裂段压裂裂缝形态

图6-12中，压裂裂缝形态模拟结果表明：沿压裂钻孔（最小水平主应力）方向，4段压裂裂缝的作用范围基本能够覆盖全部水平井段；沿垂直方向，压裂裂缝更倾向于向上扩展延伸，分析认为与裂缝易趋于受力较小的方向扩展有关。由于水平井压裂段与下方煤层的距离仅有1~5m，所以压裂裂缝可以向下覆盖全煤段。此外，模拟了不同加砂量对压裂裂缝长度的影响，当加砂量为15m^{3}时，压裂裂缝长度约87m；当加砂量为20m^{3}时，压裂裂缝长度约160m。考虑到地质资料和计算模型的局限性，软件模拟计算结果无法真正揭示复杂压裂裂缝的真实状况，支撑裂缝存在比模拟结果短的可能性，也存在压穿邻近90m运输巷道的可能性，因此有必要通过井下微地震监测确定此次压裂的真实范围。

6.4　现场工程案例结果分析

为加强突出煤层顶板分段压裂缝网改造效果，现场分段压裂采用了滑溜水压裂液、变砂比、段塞式加砂作业，以最大范围地实现与突出煤层的沟通。此外，在水力喷砂段间进行了补射孔等作业，以更大程度地形成裂缝网络结构。

6.4.1　压裂效果分析

在实施水力喷射分段压裂前，在水平压裂井中开展了小型的水力压裂试验，压裂曲线如图6-13所示。在停止压裂泵后，压力骤降至0MPa，由此可知该地层中的天然裂缝发育，造成了压裂液滤失。

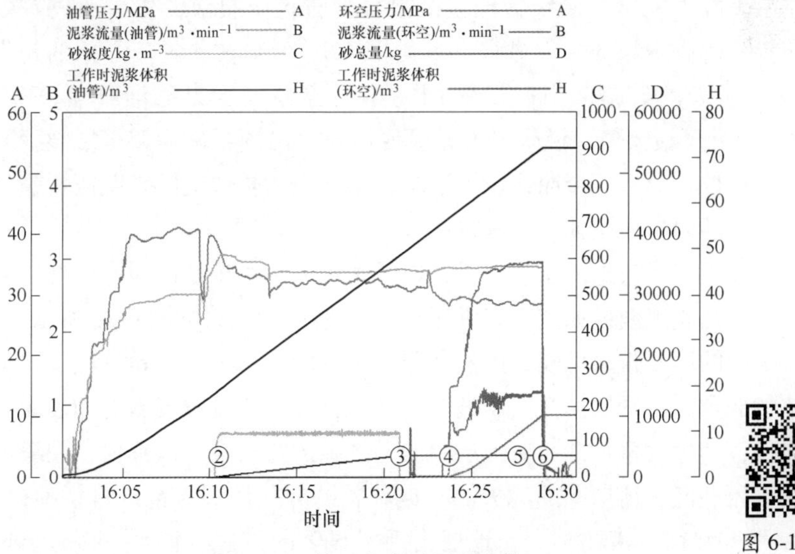

图6-13　第1段小型压裂曲线

图6-13 彩图

根据水力喷射分段压裂情况，按照分段压裂方案，依次对目标压裂地层开展了4段水力喷射压裂施工，其中第1段水压-时间关系曲线如图6-14所示。

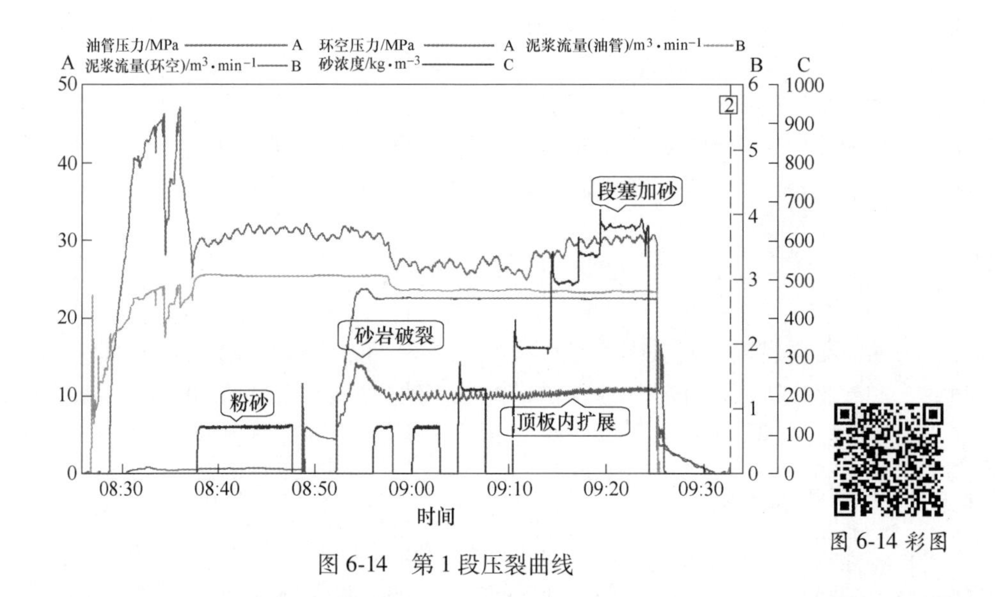

图6-14 彩图

图6-14 第1段压裂曲线

依据第1段小型压裂曲线的压裂结果，为防止压裂液滤失、形成有效主裂缝，在前置液阶段增添3个粉砂段塞。由图6-14可知在前置液开始的初期，地层出现较为显著的破裂。当砂量添加完毕后停泵，压力逐渐降至0MPa。在8：55时压力升至最大值，说明突出煤层顶板岩层出现了破裂，压裂裂缝开始在顶板内扩展延伸，此后压裂曲线较为平缓，未出现大幅波动，表明压裂裂缝在突出煤层顶板岩层内扩展延伸，暂未进入煤层。

为提高顶板缝网改造的压裂效果，设计在水力喷射压裂段间开展补射孔等施工，第2段补孔施工曲线如图6-15所示，第2段压裂曲线如图6-16所示。

由第1段的压裂效果可知，虽然在前置液阶段增添了3个粉砂段塞，但是滤失现象依然严重。在开展第2次压裂施工前，将20/40目石英砂的加砂时间段内添加隔离液，产生段塞加砂，对地层中的微裂隙进行封堵，以确保主裂缝的持续扩展，降低压裂液在地层中的滤失。根据调整的分段压裂方案进行了喷砂射孔，由图6-16可知在前置液的初期，地层出现了显著的破裂。在8：40时出现明显的憋压，说明突出煤层顶板岩性中的泥岩对压裂裂缝进入突出煤层产生了影响，此后水压曲线有所下降，表明压裂裂缝扩展进入了煤层。

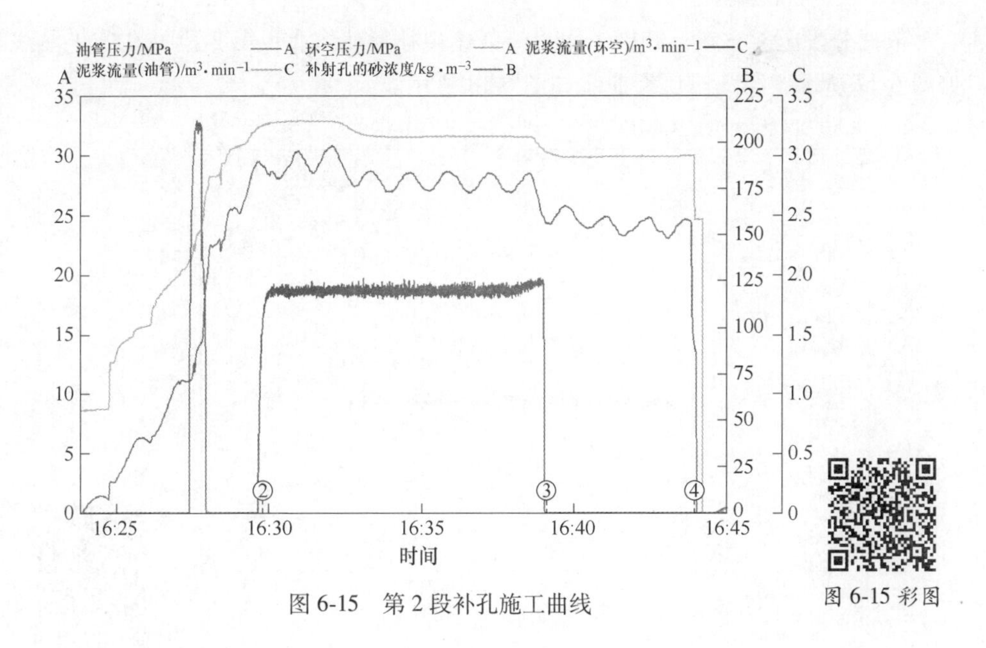

图 6-15 第 2 段补孔施工曲线

图 6-15 彩图

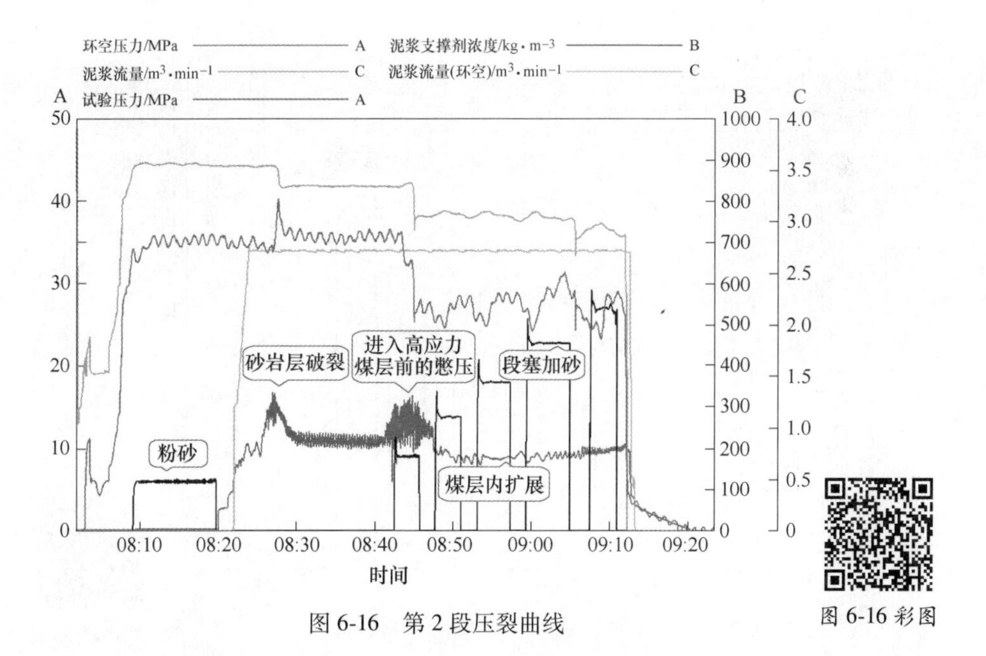

图 6-16 第 2 段压裂曲线

图 6-16 彩图

依据分段压裂方案，开展了水力喷射压裂补射孔作业，第 3 段补孔施工曲线如图 6-17 所示，第 3 段压裂曲线如图 6-18 所示。

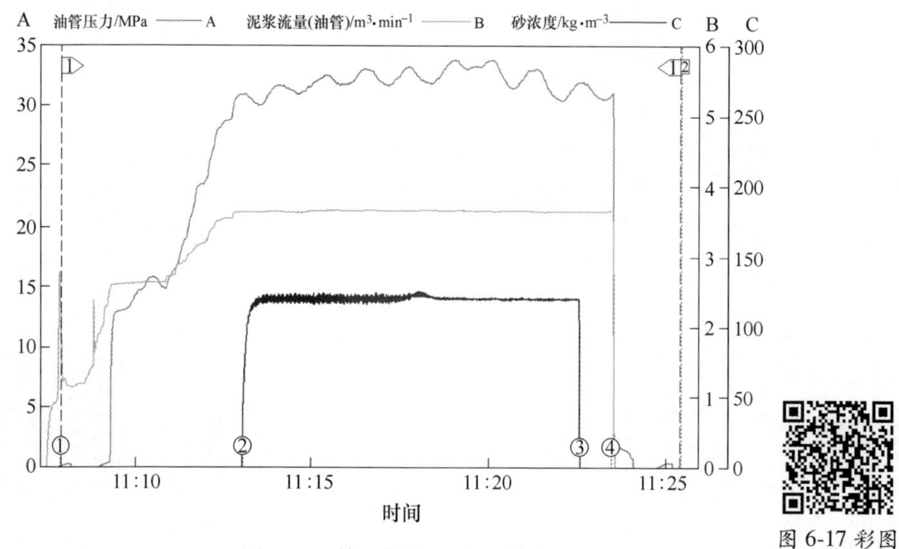

图 6-17　第 3 段补孔施工曲线

图 6-17 彩图

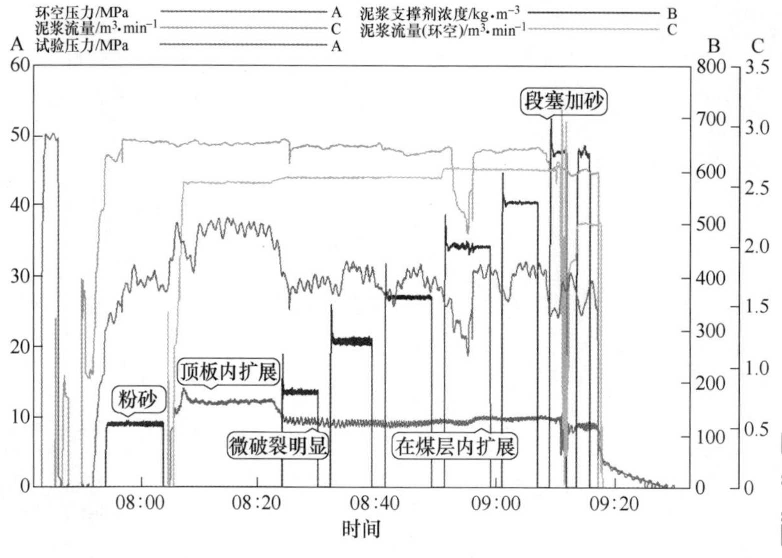

图 6-18　第 3 段压裂曲线

图 6-18 彩图

依据分段压裂方案开展了第3段补射孔施工，排量为2.7m^3/min，顶替结束后在前置液时间段内地层出现了显著的破裂现象。在加砂阶段油套压力较为平稳，油套压力呈现约1.6MPa的压力提升。停泵后井口压力在12min后降为0MPa，压裂裂缝形态有所改善。在8：05左右压力值增长到最大，表明压裂裂缝开始在顶板岩层内扩展，在约8：25时压裂曲线开始下降，表明突出煤层顶板中的压裂裂缝进入突出煤层，并开始在煤层内扩展延伸。

依据分段压裂方案，开展了水力喷射压裂补射孔作业，第4段补孔施工曲线如图6-19所示，第4段压裂曲线如图6-20所示。

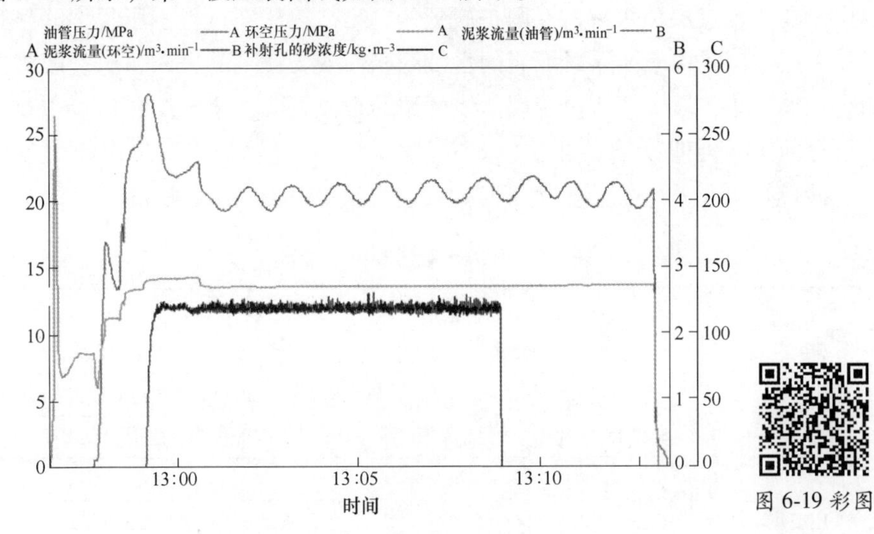

图6-19彩图

图6-19 第4段补孔施工曲线

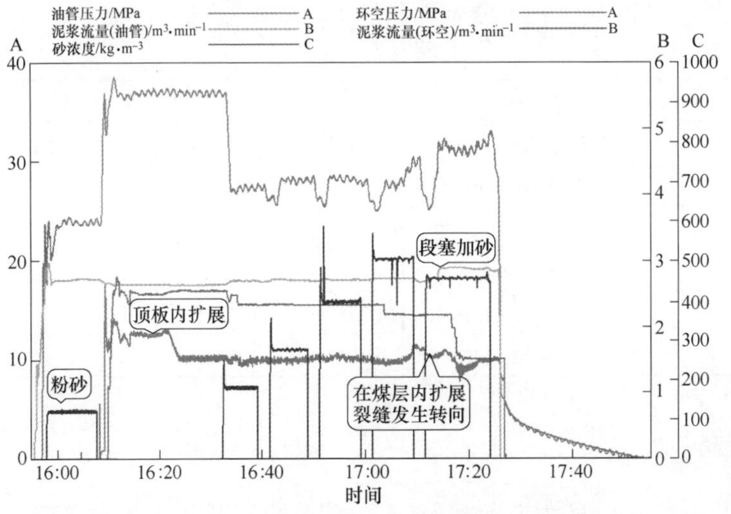

图6-20彩图

图6-20 第4段压裂曲线

依据分段压裂方案进行喷砂射孔，在前置液时间段内，目标地层内出现了显著的破裂现象。停泵后的井口压力降较为平缓，大约在26min后井口压力下降至0MPa，环空压力出现约1.7MPa的升高，说明压裂裂缝形态有所改善，压裂效果良好。在16：20左右压裂曲线开始下降，表明突出煤层顶板中产生的压裂裂缝进入煤层，开始在煤层内扩展。在17：10左右压裂曲线出现明显的波动，说明压裂裂缝受段塞加砂的影响，产生了转向现象。

对比4段水力喷射压裂效果发现，第1段压裂产生的压裂裂缝未沟通煤层，裂缝主要在突出煤层顶板砂岩层内扩展延伸；第2段压裂过程中压裂裂缝尽管突破了泥岩层，但是由于排采时泥岩的水敏膨胀性或支撑剂的嵌入，压裂裂缝出现了闭合现象；第3段、第4段压裂曲线的波动现象表明，突出煤层顶板主要是砂岩，裂缝的扩展延伸效果良好。表6-5为4段水力喷射分段压裂作业的参数统计，总砂量为100m^3，总液量为1693m^3（射孔液379m^3+压裂液1314m^3）。

表6-5 水力喷射压裂施工参数

第1段			
压裂井段	920~953m	压裂方式：水力喷砂压裂	
压裂液量	射孔总液量：64m^3	破裂压力：19.2MPa	停泵压力：3.6MPa
	本层总液量：252m^3	总砂量：18m^3	
第2段			
压裂井段	852~886m	压裂方式：水力喷砂压裂	
压裂液量	射孔总液量：121m^3	破裂压力：15.1MPa	停泵压力：4.6MPa
	本层总液量：437m^3	总砂量：20.9m^3	
第3段			
压裂井段	778~715m	压裂方式：水力喷砂压裂	
压裂液量	射孔总液量：87m^3	破裂压力：13.7MPa	停泵压力：5MPa
	本层总液量：464m^3	总砂量：29.6m^3	
第4段			
压裂井段	700~750m	压裂方式：水力喷砂压裂	
压裂液量	射孔总液量：107m^3	破裂压力：12.82MPa	停泵压力：5.8MPa
	本层总液量：540m^3	总砂量：31.6m^3	

6.4.2 排采效果分析

为避免钻孔内产生速敏和应力敏感效应，煤层气的排采需遵循“连续、缓慢、稳定”的六字方针。压裂井排采经历了产层供液量确定阶段、液面缓慢下降阶段、两相流形成阶段、稳产阶段，压裂井的排采曲线如图 6-21 所示。由图 6-21 可知，排采的稳产阶段始于 4 月份，平均日产气量超过 $1000m^3$，其中最高的日产气量可达 $2275m^3$，截至 5 月 31 日产气量近 13 万立方米。

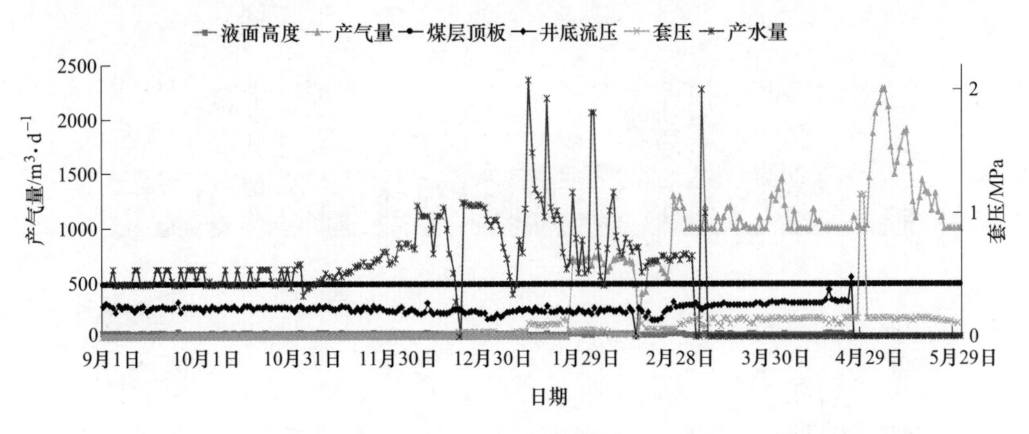

图 6-21 排采效果曲线

经过分析排采效果曲线，得出以下结论：（1）煤层的临界解吸压力为 0.15MPa，根据实测的瓦斯含气量和等温吸附试验为 1.1MPa，分析认为虽然未压穿已开采的 39041 巷道，但压力的传递促进了瓦斯运移；（2）3 月 8 日后的产水量几乎为零，对比压裂液量而言可以忽略不计，表明矿井的地下水已被疏干，压裂影响范围达到已采巷道；（3）产气量从超过 $2275m^3/d$ 降至 $1000m^3/d$ 左右，截至 10 月累计抽采 23.5 万立方米，证明了水力喷射分段压裂技术的可行性。

为降低压裂过程中砂堵对煤层气产气能力的影响，采用空气反循环动力洗井技术对压裂井进行了洗井。注入空气一方面通过降低游离甲烷的分压，促使吸附甲烷的平衡孔隙压力降低而解吸；另一方面空气中大量的二氧化碳与煤基质孔隙中的甲烷产生竞争吸附，将原来吸附在煤层中的甲烷置换出来，增加了煤层气的解吸速率。解吸出来的煤层气在外界注入压力的影响下，将由压裂钻孔向压力降低的方向运移。

压裂井距离西北方向的 39041、39042 巷道约 90~150m，由于煤层及顶底板中天然裂隙发育优势方向为 NW、NE 两个方向，且以 NW 方向为主，最大水平主应力方向为东偏南，与压裂裂缝扩展方向一致，即压裂主裂缝的延伸方向为 NW 方向，指向 39041 工作面（见图 6-22）。洗井过程中注入的空气促使解吸气体由钻孔向 NW、SE 方向渗流，从而造成 39042 巷道瓦斯抽采浓度增加。

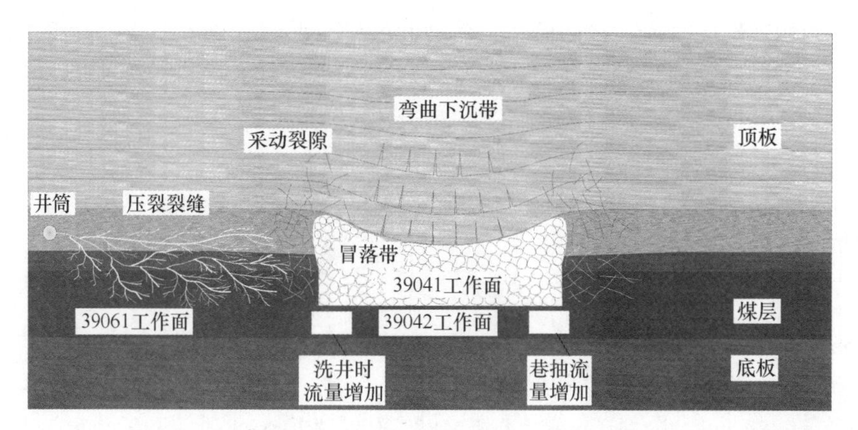

图 6-22 压裂井与已采工作面的相对位置[1,119,127]

图 6-22 彩图

图 6-23 和图 6-24 分别为 39042 回风巷瓦斯日抽采纯量曲线和 39042 回风巷瓦斯日抽采混量曲线。图 6-23 中，39042 回风巷瓦斯日抽采纯量明显具有 2 个高值区，第 1 个高值区在 3 月 7 日~7 月 17 日，最大日抽采纯量达 4620m^3，最小值为 2137m^3，平均大约为 3382m^3，与煤层气井地面排采结果（见图 6-21）基本一致，尤其是 4 月 20 日~5 月 12 日，日抽采纯量达到最大值，相应的煤层气井地面排采量也达到最大值，进一步说明煤层气井与工作面相通，任何一方的抽采引起的降压均增强了另一方

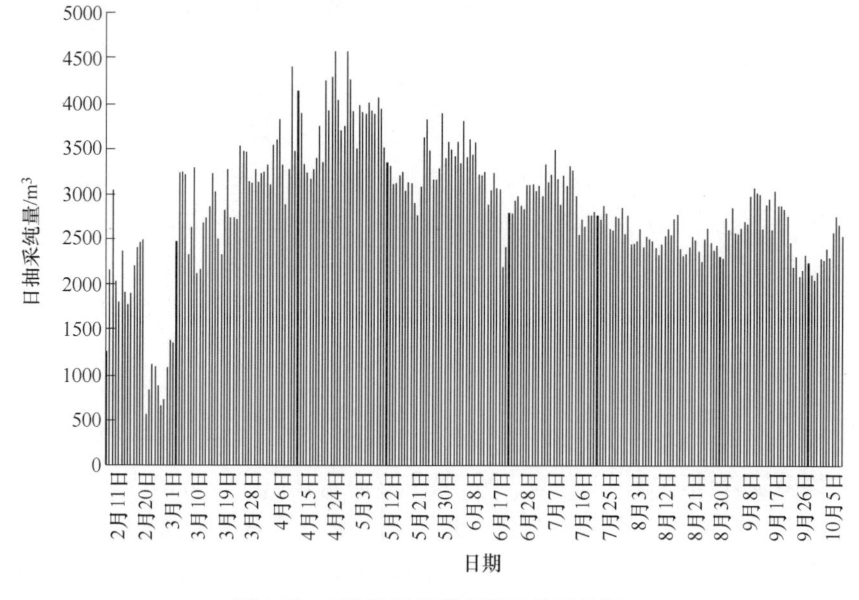

图 6-23 39042 回风巷瓦斯日抽采纯量

的排采量；第2个高值区是在9月4日~9月24日，最大值为3095m³/d，最小值为2579m³/d，平均为2821m³/d，说明煤层气井洗井增大了压裂裂缝的连通性，提高了回风巷瓦斯抽采量。39042回风巷瓦斯日抽采混量（见图6-24）变化规律基本与日抽采纯量一致，只是洗井期间日抽采混量增大趋势更加明显，可能与大量空气注入有关。

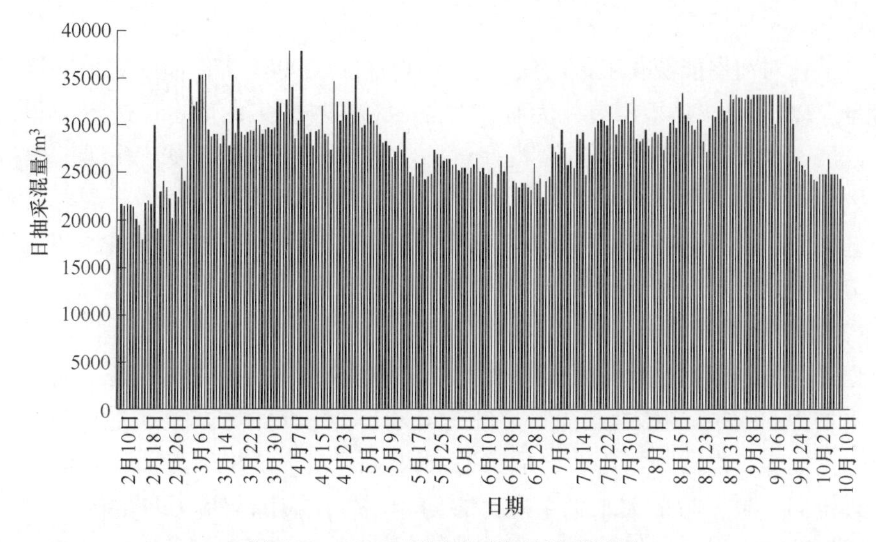

图6-24 39042回风巷瓦斯日抽采混量

3904工作面抽采瓦斯历史数据表明，已抽采瓦斯达646万立方米，占总瓦斯量的近70%，煤层剩余瓦斯仅4m³/t左右，基本为煤层残余瓦斯含量，因此39041和39042巷道抽采瓦斯主要来自39061工作面控制的煤层瓦斯。

压裂段295m范围内控制的煤层瓦斯储量约为296万立方米，地面水平井抽采瓦斯量为23.5万立方米。由于存在煤层倾角，下部瓦斯受水封难以解吸，因此地面井抽采瓦斯基本为水平井与3904工作面之间90m范围内的瓦斯。据通风资料统计可知，39041和39042巷道抽采瓦斯共计132万立方米，因此39061与3904之间90m范围的煤层瓦斯抽采共计155.5万立方米，抽采率达到了52.5%。随着3904巷道继续抽采，煤层瓦斯含量将继续下降，真正实现了地面井压裂井下抽采的区域瓦斯治理工艺。

7 结　　论

本书针对河南能源化工集团焦煤公司中马村矿 39061 工作面亟需消突这一工程背景，以二$_1$煤层顶板压裂井为研究对象，对现场采集的煤岩样进行了测试分析，开展了煤岩真三轴水力压裂模拟试验、突出煤层顶板压裂钻孔层位模拟试验，数值模拟分析了最小水平主应力、应力比、岩层间弹性模量、压裂岩层对压裂裂缝起裂、扩展路径规律的影响，研究了突出煤层顶板分段压裂增透的力学条件，分析了突出煤层顶板分段压裂现场工程案例。取得如下主要结论：

（1）通过测试煤层气含量、气成分发现，二$_1$煤层为突出煤层，且以甲烷为主；通过测试煤体矿物组分发现，煤体中矿物含量平均为 7.8%，其中黏土矿物含量平均为 6.1%，碳酸盐类矿物含量平均为 1.7%；煤体结构在顶底板附近为碎粒煤、糜棱煤，煤层中部几乎都是原生结构煤；二$_1$煤层中天然裂隙和顶底板岩石节理走向一致，与最大水平主应力方向相同，主裂隙与应力场的这一耦合关系，是影响突出煤层顶板分段压裂主裂缝、分支裂缝扩展路径的关键因素。

（2）煤岩真三轴水力压裂模拟试验结果表明：1）不同发育程度、不同倾角的天然裂隙影响压裂裂缝的起裂方位、扩展路径，在局部诱导多级分支裂缝的形成，是形成裂缝网络结构的必要条件；2）天然裂隙在局部诱导压裂裂缝发生转向，但压裂裂缝总体趋向于最大主应力方向扩展；当最大水平主应力与垂向应力相近，远大于最小水平主应力时，压裂裂缝扩展路径复杂，有利于形成裂缝网络结构；3）变压裂液排量是一项实现煤储层缝网改造技术的有效途径，有利于在煤储层内形成周缘引张裂缝等复杂缝，形成裂缝网络结构；4）裂缝宽度不仅受地应力影响，而且与压裂液排量、煤岩结构弱面、煤岩力学特性等因素有关。

（3）突出煤层顶板压裂钻孔层位模拟试验结果表明：1）在题设应力、压裂液排量作用下，当压裂钻孔层位与型煤试件距离为 40mm 时，相似材料试件中能够产生复杂缝，压裂裂缝在压裂钻孔附近开裂且向下扩展能够进入型煤试件，可以为下一步的瓦斯抽采提供有效运移产出通道；2）当压裂钻孔层位与型煤试件距离为 160mm 时，压裂裂缝在相似材料试件内、进入型煤试件的扩展路径主要由应力条件决定，在型煤试件内的延伸距离与压裂液排量有关；3）当压裂钻孔层位与型煤试件距离为 0mm 时，相似材料试件中的压裂裂缝沿着煤岩交界面扩展或穿过煤岩交界面进入型煤试件，但是由于压裂液不易在塑性材料中扩展延伸，导致型煤试件中的压裂裂缝扩展长度有限，同样会影响最终的瓦斯抽采效果。

（4）结合现场地应力、顶底板岩性特征，开展了数值模拟研究，揭示了压裂目标层及围层间压裂裂缝的起裂及扩展规律，数值模拟结果表明：1）水平主应力差为定值时，起裂压力随着最小水平主应力的增大而增大，说明压裂裂缝从低应力地层进入高应力地层，需要更高的缝内净压力以维持压裂裂缝的进一步扩展延伸。2）单一裂缝时的应力比与裂缝宽度呈反比例关系，分段压裂作业时如果在局部范围内形成的诱导应力使得三向应力中的两个应力值接近，则有利于形成裂缝网络结构。3）若压裂裂缝由低弹性模量岩层扩展至高弹性模量岩层，需要更高的施工压力，压裂裂缝方可进入高弹性模量岩层，不利于压裂裂缝穿层扩展；反之，压裂裂缝则较易穿过界面扩展进入相邻岩层。4）压裂裂缝同时穿层进入相邻岩层后，压裂裂缝更倾向于在高弹性模量岩层中扩展延伸，该模拟结果为解释现场压裂裂缝多向上扩展的现象提供了依据。5）中砂岩模型的压裂孔左右两侧形成的压裂裂缝对称性最优、压裂范围最广、压剪裂缝最少，说明突出煤层顶板分段压裂岩层为中砂岩层时，能够更好地形成裂缝网络结构。

（5）建立了突出煤层顶板分段压裂诱导应力场和破裂压力数学模型，揭示了突出煤层顶板分段压裂形成裂缝网络结构的原理，优化了顺序压裂、交替压裂模式下的段间距，分析了天然裂缝、煤岩物性参数等客观因素对突出煤层顶板岩层中分段压裂形成裂缝网络结构的影响特征，对比了煤岩交界面胶结完好无伪顶条件下裂缝穿过煤岩交界面沟通煤层的流体压力大小关系。

（6）压裂井所处地层中垂向应力最小，表明压裂时容易形成水平缝，结合地应力特点、钻孔特点、施工要求及水力喷射压裂技术特点，最终采用“水平井—顶板压裂—水力喷射分段压裂技术”对突出煤层顶板进行了储层改造。结合压裂曲线、排采曲线，分析了突出煤层顶板分段压裂的效果及特点。现场工程案例结果表明：水力喷射分段压裂技术对突出煤层瓦斯抽采是有效的，压裂井的最高日产气量可达2275m^3，截至10月份总产气量近23.5万立方米。由于顶底板、煤层中的裂隙优势发育方向、最大水平主应力的方向相同，压裂主裂缝扩展延伸方向为NW方向，即指向39041工作面。洗井过程中注入的空气促使解吸气体由钻孔向NW、SE方向渗流，造成了39042巷道瓦斯抽采量增加，即压裂裂缝连通了卸压带，导致气体向39041工作面方向运移。

参 考 文 献

[1] 苏现波，马耕，宋金星，等．煤系气储层缝网改造技术及应用［M］．北京：科学出版社，2017.

[2] 林柏泉．矿井瓦斯防治理论与技术［M］.2 版．徐州：中国矿业大学出版社，2010.

[3] 李登华，高媛，刘卓亚，等．中美煤层气资源分布特征和开发现状对比及启示［J］．煤炭科学技术，2018，46（1）：252-261.

[4] 袁亮，林柏泉，杨威．我国煤矿水力化技术瓦斯治理研究进展及发展方向［J］．煤炭科学技术，2015，43（1）：44-49.

[5] 谢和平，周宏伟，薛东杰，等．我国煤与瓦斯共采：理论、技术与工程［J］．煤炭学报，2014，39（8）：1391-1397.

[6] 马耕，张帆，刘晓，等．裂缝性储层中水力裂缝扩展规律的试验研究［J］．采矿与安全工程学报，2017，34（5）：993-999.

[7] 程远平，付建华，俞启香．中国煤矿瓦斯抽采技术的发展［J］．采矿与安全工程学报，2009，26（2）：127-139.

[8] 张双斌，苏现波，郭红玉，等．煤层气井排采过程中压裂裂缝导流能力的伤害与控制［J］．煤炭学报，2014，39（1）：124-128.

[9] 周正涛．基于抽采地质的超长钻孔瓦斯抽采应用研究［D］．焦作：河南理工大学，2018.

[10] 衡帅，杨春和，郭印同，等．层理对页岩水力裂缝扩展的影响研究［J］．岩石力学与工程学报，2015，34（2）：228-237.

[11] OUYANG Z H，ELSWORTH D，LI Q. Characterization of hydraulic fracture with inflated dislocation moving within a semi-infinite medium［J］. Journal of China University of Mining & Technology，2007，17（2）：220-225.

[12] 郭红玉，夏大平，苏现波，等．二氧化氯作为煤储层压裂液破胶剂的可行性实验研究［J］．煤炭学报，2014，39（5）：908-912.

[13] 宋金星．煤储层表面改性增产机理及技术研究［D］．焦作：河南理工大学，2016.

[14] 蔺海晓，刘晓，王鹏．煤矿井下水力压裂泵组的研发与应用［J］．矿山机械，2014，42（3）：107-109.

[15] SU X B，WANG Q，SONG J X，et al. Experimental study of water blocking damage on coal［J］. Journal of Petroleum Science and Engineering，2017，156：654-661.

[16] ZHANG X D，ZHANG S，LI P P，et al. Investigation on solubility of multicomponents from semi-anthracite coal and its effect on coal structure by Fourier transform infrared spectroscopy and X-ray diffraction［J］. Fuel Processing Technology，2018，174：123-131.

[17] 王耀锋，何学秋，王恩元，等．水力化煤层增透技术研究进展及发展趋势［J］．煤炭学报，2014，39（10）：1945-1955.

[18] 孟召平，刘翠丽，纪懿明．煤层气/页岩气开发地质条件及其对比分析［J］．煤炭学报，2013，38（5）：728-736.

[19] 付江伟．井下水力压裂煤层应力场与瓦斯流场模拟研究［D］．徐州：中国矿业大学，2013.

[20] 路艳军．煤岩体积压裂机理研究［D］．成都：西南石油大学，2015.

[21] 罗平亚．关于大幅度提高我国煤层气井单井产量的探讨［J］．天然气工业，2013，33（6）：1-6.

[22] PRATS M. Effect of vertical fractures on reservoir behavior-incompressible fluid case［J］. Society of Petroleum Engineers，1961，1（2）：105-118.

[23] RAYMOND L R，BINDER G G. Productivity of wells in vertically fractured damaged formations［J］. Journal of Petroleum Technology，1967，19（1）：120-130.

[24] 徐刚，彭苏萍，邓绪彪．煤层气井水力压裂压力曲线分析模型及应用［J］．中国矿业大学学报，2011，40（2）：173-178.

[25] 吴百烈．煤层气井水力压裂几何参数优化设计［D］．北京：中国石油大学（北京），2011.

[26] 倪小明，林然，张崇崇．晋城矿区煤层气井连续多次压裂裂缝展布特征［J］．煤炭学报，2013，42（5）：747-754.

[27] CARTER R D. Derivation of the general equation for estimating the extent of the fracture area［J］. Drilling and Production Practice. API，1957：261-270.

[28] 米卡尔 J. 埃克诺米德斯．油藏增产措施［M］. 3 版．北京：石油工业出版社，2003.

[29] ZHELTOV A K. Formation of vertical fractures by means of highly viscous liquid［C］// 4th World Petroleum Congress. Rome：World Petroleum Congress，1955：6-15.

[30] GRIFFITH A A. The phenomena of rupture and flow in solids［M］. London：Philosophical Transactions of the Royal Society of London，Series A，1921，221：163-198.

[31] GEERTSMA J，DEKLERK F D. A rapid method of predicting width and extent of hydraulically induced fractures［J］. Journal of Petroleum Technology，1969，21：1571-1581.

[32] DANESHY A A. On the design of vertical hydraulic fractures［J］. Journal of Petroleum Technology，1973，25（1）：83-97.

[33] DANESLLY A A. Numerical solution of vertical hydraulic fractures［J］. Journal of Petroleum Technology，1978，28：132-140.

[34] PERKINS T K，KERN L R. Widths of hydraulic fracture［J］. Journal of Petroleum Technology，1961，13（9）：937-949.

[35] 康向涛．煤层水力压裂裂缝扩展规律及瓦斯抽采钻孔优化研究［D］．重庆：重庆大学，2014.

[36] EEKELEN V. Hydraulic fracture geometry：fracture containment in layered formations［J］. Society of Petroleum Engineers Journal，1982，22：341-349.

[37] ADVANI S H，LEE J K. Finite element model simulations associated with hydraulic fracturing［J］. International Journal of Rock Mechanics and Mining Sciences & Geomechanics Abstracts，1982，19：127.

[38] CLEARY M P. Comprehensive design formulae for hydraulic fracturing [C] // SPE Annual Technical Conference and Exhibition. Dallas: Society of Petroleum Engineers, 1980: 21-24.

[39] SETTARI A, CLEARY M P. Development and testing of a pseudo-three-dimensional model of hydraulic fracture geometry [J]. Spe Production Engineering, 1986, 1 (6): 449-466.

[40] PALMER I D, LUISKUTTY G T. A model of hydraulic fracturing process for elongated vertical fractures and comparisons of results with other modeling [C] // SPE/DOE Low Permeability Gas Reservoirs Symposium. Denver: Society of Petroleum Engineers, 1985: 19-22.

[41] YEW C H, KOELSCH T A. Study on the mechanics of hydraulic fracturing [R]. EXXON Production Research Company Special Report. EPR. 15PR. 80.

[42] LU C K, YEW C H. On bonded half-planes containing two arbitrarily oriented cracks sturdy of containment of the hydraulically induced fractures [J]. Society of Petroleum Engineers Journal, 1985, 25 (1): 55-66.

[43] BOUTECA M J. 3D analytical model for hydraulic fracturing: Theory and field test [C] // SPE Annual Technical Conference and Exhibition. Houston: Society of Petroleum Engineers, 1984: 16-19.

[44] CLIFTON R J, ABOU-SAYED A S. A variational approach to the prediction of the three-dimensional geometry of hydraulic fractures [C] // SPE/DOE Low Permeability Gas Reservoirs Symposium. Denver: Society of Petroleum Engineers, 1981: 27-29.

[45] CLEARY M P, KAVVADAS M, LAM K Y. Development of a fully three-dimensional simulator for analysis and design of hydraulic fracturing [C] // SPE/DOE Low Permeability Gas Reservoirs Symposium. Denver: Society of Petroleum Engineers, 1983: 14-16.

[46] 林柏泉，李庆钊，原德胜，等. 彬长矿区低煤阶煤层气井的排采特征与井型优化 [J]. 煤炭学报，2015，40 (1)：135-141.

[47] 徐兵祥，李相方，任维娜. 基于均衡降压理念的煤层气井网井距优化模型 [J]. 中国矿业大学学报，2014，43 (1)：88-93.

[48] 许露露，崔金榜，黄赛鹏，等. 煤层气储层水力压裂裂缝扩展模型分析及应用 [J]. 煤炭学报，2014，39 (10)：2068-2074.

[49] JU W, YANG Z B, QIN Y, et al. Characteristics of in-situ stress state and prediction of the permeability in the Upper Permian coalbed methane reservoir, western Guizhou region, SW China [J]. Journal of Petroleum Science and Engineering, 2018, 165: 199-211.

[50] 李哲，杨兆中，李小刚. 水力压裂模型的改进及其算法更新研究（上）[J]. 天然气工业，2005，25 (1)：88-92.

[51] 张永平，孟召平，刘贺，等. 煤层气井排采初期井底流压动态模型及应用分析 [J]. 煤田地质与勘探，2016，44 (2)：29-33.

[52] 孙四清，张群，闫志铭，等. 碎软低渗高突煤层井下长钻孔整体水力压裂增透工程实践 [J]. 煤炭学报，2017，42 (9)：2337-2344.

[53] HENG S, YANG C H, WANG L, et al. Experimental study on the hydraulic fracture

propagation in shale [J]. Current Science, 2018, 115: 465-475.

[54] 贾建称，陈晨，董夔，等．碎软低渗煤层顶板水平井分段压裂高效抽采煤层气技术研究[J]．天然气地球科学，2017，28 (12)：1873-1881.

[55] 巫修平，张群．碎软低渗煤层顶板水平井分段压裂裂缝扩展规律及控制机制 [J]．天然气地球科学，2018，29 (2)：268-276.

[56] JIANG T T, ZHANG J H, HUANG G, et al. Effects of bedding on hydraulic fracturing in coalbed methane reservoirs [J]. Current Science, 2017, 113: 1153-1159.

[57] 蔺海晓，苏现波，刘晓，等．煤储层造缝及卸压增透实验研究 [J]．煤炭学报，2014，39 (增刊2)：432-435.

[58] LI X C, KANG Y L. Effect of fracturing fluid immersion on methane adsorption/desorption of coal [J]. Journal of Natural Gas Science and Engineering, 2016, 34: 449-457.

[59] 张双斌，苏现波，郭红玉．煤储层水力压裂支撑剂的优选实验研究 [J]．煤田地质与勘探，2016，44 (1)：51-55.

[60] GENG Y C, TANG D Z, Xu H, et al. Experimental study on permeability stress sensitivity of reconstituted granular coal with different lithotypes [J]. Fuel, 2017, 202: 12-22.

[61] 马耕，张帆，刘晓，等．天然裂缝对煤岩体水力裂缝扩展影响研究 [J]．河南理工大学学报 (自然科学版)，2016，35 (2)：178-182.

[62] 黄炳香．煤岩体水力致裂弱化的理论与应用研究 [D]．徐州：中国矿业大学，2009.

[63] 李贤忠．高压脉动水力压裂增透机理与技术 [D]．徐州：中国矿业大学，2013.

[64] 袁志刚，王宏图，胡国忠，等．穿层钻孔水力压裂数值模拟及工程应用 [J]．煤炭学报，2012，37 (增刊1)：109-114.

[65] 张国华，魏光平，侯凤才．穿层钻孔起裂注水压力与起裂位置理论 [J]．煤炭学报，2007，32 (1)：52-55.

[66] 雷毅．松软煤层井下水力压裂致裂机理及应用研究 [D]．北京：煤炭科学研究总院，2014.

[67] 马耕，苏现波，蔺海晓，等．围岩—煤储层缝网改造增透抽采瓦斯理论与技术 [J]．天然气工业，2014，34 (8)：53-60.

[68] HUBBERT M K, WILLIS D G. Mechanics of hydraulic fracturing [J]. Trans AIME, 1957, 210: 153-163.

[69] EATON B A. Fracture gradient prediction and its application in oilfield operations [J]. Journal of Petroleum Technology, 1969, 21 (10): 1353-1360.

[70] HAIMSON B, FAIRHURST C. Initiation and extension of hydraulic fractures in rocks [J]. Society of Petroleum Engineers Journal, 1967, 7 (3): 310-318.

[71] EMANUELE M A, MINNER W A, WEIJERS L, et al. A case history: Completion and stimulation of horizontal wells with multiple transverse hydraulic fractures in the lost hills diatomite [C] // SPE Western Regional Meeting. California: Society of Petroleum Engineers, 1998: 335-347.

[72] CROSBY D G, RAHMAN M M, RAHMAN M K, et al. Single and multiple transverse fracture initiation from horizontal wells [J]. Journal of Petroleum Science and Engineering, 2002, 35 (3-4): 191-204.

[73] 黄荣樽. 水力压裂裂缝的起裂和扩展 [J]. 石油勘探与开发, 1981, 5: 62-74.

[74] 贺天才, 王保玉, 田永东. 晋城矿区煤与煤层气共采研究进展及急需研究的基本问题 [J]. 煤炭学报, 2014, 39 (9): 1779-1785.

[75] 严成增, 郑宏, 孙冠华, 等. 基于 FDEM-Flow 研究地应力对水力压裂的影响 [J]. 岩土力学, 2016, 37 (1): 237-246.

[76] 武鹏飞, 梁卫国, 曹孟涛, 等. 煤体在不同层理方位 I 型断裂特征试验研究 [J]. 地下空间与工程学报, 2017, 13 (增刊 2): 538-545.

[77] 孟尚志, 侯冰, 张健, 等. 煤系“三气”共采产层组压裂裂缝扩展物模试验研究 [J]. 煤炭学报, 2016, 41 (1): 221-227.

[78] 金衍, 张旭东, 陈勉. 天然裂缝地层中垂直井水力裂缝起裂压力模型研究 [J]. 石油学报, 2005, 26 (6): 113-114, 118.

[79] 任岚, 赵金洲, 胡永全, 等. 水力压裂时岩石破裂压力数值计算 [J]. 岩石力学与工程学报, 2009, 28 (增刊 2): 3417-3422.

[80] 郭臣业, 沈大富, 张翠兰, 等. 煤矿井下控制水力压裂煤层增透关键技术及应用 [J]. 煤炭科学技术, 2015, 43 (2): 114-118, 122.

[81] GUO J Q, KANG T H, KANG J T, et al. Accelerating methane desorption in lump anthracite modified by electrochemical treatment [J]. International Journal of Coal Geology, 2014, 131: 392-399.

[82] 陶云奇, 刘东, 许江, 等. 大尺寸复杂应力水力压裂裂缝扩展模拟试验研究 [J]. 采矿与安全工程学报, 2019, 36 (2): 405-412.

[83] XU J Z, ZHAI C, QIN L. Mechanism and application of pulse hydraulic fracturing in improving drainage of coalbed methane [J]. Journal of Natural Gas Science and Engineering, 2017, 40: 79-90.

[84] 胡秋嘉, 李梦溪, 乔茂坡, 等. 沁水盆地南部高阶煤煤层气井压裂效果关键地质因素分析 [J]. 煤炭学报, 2017, 42 (6): 1506-1516.

[85] FU X, LI G S, HUANG Z W, et al. Experimental and numerical study of radial lateral fracturing for coalbed methane [J]. Journal of Geophysics and Engineering, 2015, 12: 875-886.

[86] 侯晓伟, 朱炎铭, 付常青, 等. 沁水盆地压裂裂缝展布及对煤系“三气”共采的指示意义 [J]. 中国矿业大学学报, 2016, 45 (4): 729-738.

[87] HALLAN S D, LAST N C. Geometry of hydraulic fractures from modestly deviated well bores [J]. Journal of Petroleum Technology, 1991, 43 (6): 742-748.

[88] 富向. 井下点式水力压裂增透技术研究 [J]. 煤炭学报, 2011, 36 (8): 1317-1321.

[89] 程远方, 王桂华, 王瑞和. 水平井水力压裂增产技术中的岩石力学问题 [J]. 岩石力学与工程学报, 2004, 23 (14): 2463-2466.

[90] 刘建中，刘翔鹗．水平井水力压裂真三维物理模拟实验［J］．石油勘探与开发，1993，20（6）：69-75.

[91] 翟成，李贤忠，李全贵．煤层脉动水力压裂卸压增透技术研究与应用［J］．煤炭学报，2011，36（12）：1996-2001.

[92] 朱宝存，唐书恒，颜志丰，等．地应力与天然裂缝对煤储层破裂压力的影响［J］．煤炭学报，2009，34（9）：1199-1202.

[93] 唐书恒，朱宝存，颜志丰．地应力对煤层气井水力压裂裂缝发育的影响［J］．煤炭学报，2011，36（1）：65-69.

[94] 马耕，张帆，刘晓，等．地应力对破裂压力和水力裂缝影响的试验研究［J］．岩土力学，2016，37（增刊2）：216-222.

[95] 李林地，张士诚，庚勐．煤层气藏水力裂缝扩展规律［J］．天然气工业，2010，30（2）：72-74.

[96] 张小东，张鹏，刘浩，等．高煤级煤储层水力压裂裂缝扩展模型研究［J］．中国矿业大学学报，2013，42（4）：573-579.

[97] 程远方，吴百烈，李娜，等．煤层压裂裂缝延伸及影响因素分析［J］．特种油气藏，2013，20（2）：126-129.

[98] 戴林．煤层气井水力压裂设计研究［D］．荆州：长江大学，2012.

[99] 韩彬彬，陈凤珍．致密砂岩压裂复杂裂缝三维模型研究［J］．新疆石油科技，2017，27（4）：10-16.

[100] 李扬，邓金根，蔚宝华，等．储/隔层岩石及层间界面性质对压裂缝高的影响［J］．石油钻探技术，2014，42（6）：80-86.

[101] 单学军，张士诚，李安启，等．煤层气井压裂裂缝扩展规律分析［J］．天然气工业，2005，25（1）：130-132.

[102] HENG S，LIU X，LI X Z，et al. Experimental and numerical study on the non-planar propagation of hydraulic fractures in shale［J］. Journal of Petroleum Science and Engineering，2019，179：410-426.

[103] YAN F Z，LIN B Q，ZHU C J，et al. A novel ECBM extraction technology based on the integration of hydraulic slotting and hydraulic fracturing［J］. Journal of Natural Gas Science and Engineering，2015，22：571-579.

[104] FAN T G，ZHANG G Q，CUI J B. The impact of cleats on hydraulic fracture initiation and propagation in coal seams［J］. Petroleum Science，2014，11：532-539.

[105] JIANG T T，ZHANG J H，WU H. Experimental and numerical study on hydraulic fracture propagation in coalbed methane reservoir［J］. Journal of Natural Gas Science and Engineering，2016，35：455-467.

[106] 杨焦生，赵洋，王玫珠，等．沁水盆地南部煤层气压裂、排采关键技术研究［J］．中国矿业大学学报，2017，46（1）：131-138，154.

[107] MAXWELL S C，URBANCIC T I，STEINSBERGER N P，et al. Microseismic imaging of

hydraulic fracture complexity in the Barnett Shale [C] // SPE Annual Technical Conference and Exhibition. San Antonio: Society of Petroleum Engineers, 2002: 9.

[108] FISHER M K, WRIGHT C A, DAVIDSON B M, et al. Integrating fracture mapping technologies to optimize stimulations in the Barnett Shale [J]. Spe Production & Facilities, 2005, 20 (20): 85-93.

[109] FISHER M K, HEINZE J R, HARRIS C D, et al. Optimizing horizontal completion techniques in the Barnett Shale using microseismic fracture mapping [C] // SPE Annual Technical Conference and Exhibition. Houston: Society of Petroleum Engineers, 2004: 26-29.

[110] MAYERHOFER M J, LOLON E, WARPINSKI N R, et al. What is Stimulated Reservoir Volume? [J]. Spe Production & Operations, 2010, 25 (1): 89-98.

[111] 雷群，胥云，蒋廷学，等．用于提高低-特低渗透油气藏改造效果的缝网压裂技术 [J]. 石油学报，2009，30 (2)：237-241.

[112] 吴奇，胥云，王腾飞，等．增产改造理念的重大变革——体积改造技术概论 [J]. 天然气工业，2011，31 (4)：7-12.

[113] 蔺海晓．基于损伤理论的煤系气储层改造缝网演化规律研究 [D]. 焦作：河南理工大学，2016.

[114] 王雷，徐康泰．页岩储层水力压裂体积改造实现方法研究 [J]. 科学技术与工程，2014，14 (36)：183-188.

[115] 贾长贵，李双明，王海涛，等．页岩储层网络压裂技术研究与试验 [J]. 中国工程科学，2012，14 (6)：106-112.

[116] 何双喜，王腾飞，严向阳，等．煤层气储层缝网压裂数值模拟分析 [J]. 油气藏评价与开发，2017，7 (3)：74-78.

[117] 赵立强，刘飞，王佩珊，等．复杂水力裂缝网络延伸规律研究进展 [J]. 石油与天然气地质，2014，35 (4)：562-569.

[118] 李勇，陈瑶，靳建洲，等．页岩气井体积压裂条件下的水泥环界面裂缝扩展 [J]. 石油学报，2017，38 (1)：105-111.

[119] 苏现波，马耕，郭红玉，等．煤矿井下水力强化理论与技术 [M]. 北京：科学出版社，2014.

[120] 刘晓．煤-围岩水力扰动增透机理及技术研究 [D]. 焦作：河南理工大学，2015.

[121] 薛承瑾．页岩气压裂技术现状及发展建议 [J]. 石油钻探技术，2011，39 (3)：24-29.

[122] 赵金洲，任岚，胡永全．页岩储层压裂缝成网延伸的受控因素分析 [J]. 西南石油大学学报（自然科学版），2013，35 (1)：1-9.

[123] 秦晓艳，王震亮，于红岩，等．基于岩石物理与矿物组成的页岩脆性评价新方法 [J]. 天然气地球科学，2016，27 (10)：1924-1932，1941.

[124] 程林林，程远方，祝东峰，等．体积压裂技术在煤层气开采中的可行性研究 [J]. 新疆石油地质，2014，35 (5)：598-602.

[125] 董大忠，邹才能，李建忠，等．页岩气资源潜力与勘探开发前景 [J]. 地质通报，

2011，30（2-3）：324-336.

[126] 刘晓，马耕，苏现波，等．煤矿井下水力压裂增透抽采瓦斯存在问题分析及对策［J］．河南理工大学学报（自然科学版），2016，35（3）：303-308.

[127] 苏现波，陈江峰，孙俊民，等．煤层气地质学与勘探开发［M］．北京：科学出版社，2001.

[128] 周珺，罗毅，梁海鹏，等．煤层气体积压裂水平井压力特征分析［J］．煤炭技术，2017，36（4）：41-43.

[129] 谢和平，高峰，鞠杨，等．页岩气储层改造的体破裂理论与技术构想［J］．科学通报，2016，61（1）：36-46.

[130] 郭建春，梁豪，赵志红，等．页岩气水平井分段压裂优化设计方法——以川西页岩气藏某水平井为例［J］．天然气工业，2013，33（12）：82-86.

[131] 时贤，程远方，常鑫，等．页岩气水平井段内多簇裂缝同步扩展模型建立与应用［J］．石油钻采工艺，2018，40（2）：247-252.

[132] 程万．三维空间下裂缝性页岩储层水力裂缝扩展机理研究［D］．北京：中国石油大学（北京），2016.

[133] 严向阳，赵海燕，王腾飞，等．非常规储层水平井分段压裂新技术及适用性分析［J］．油气藏评价与开发，2016，6（2）：69-73，78.

[134] 秦勇，袁亮，胡千庭，等．我国煤层气勘探与开发技术现状及发展方向［J］．煤炭科学技术，2012，40（10）：1-6.

[135] 杨宏伟．低透气性煤层井下分段点式水力压裂增透［J］．北京科技大学学报，2012，34（11）：1235-1239.

[136] 王晓泉，张守良，吴奇，等．水平井分段压裂多段裂缝产能影响因素分析［J］．石油钻采工艺，2009，31（1）：73-76.

[137] GIGER F M. Horizontal wells production techniques in heterogeneous reservoirs ［C］// Middle East Oil Technical Conference and Exhibition. Bahrain：Society of Petroleum Engineers，1985：11-14.

[138] GIGER F M. Low-permeability reservoirs development using horizontal wells ［C］// Low Permeability Reservoirs Symposium. Denver：Society of Petroleum Engineers，1987：18-19.

[139] YOST A B，OVERBEY W K. Production and stimulation analysis of multiple hydraulic fracturing of a 2000-ft horizontal well ［C］// SPE Gas Technology Symposium. Dallas：Society of Petroleum Engineers，1989：7-9.

[140] BROWN J E，ECONOMIDES M J. An analysis of hydraulically fractured horizontal wells ［C］// Casper：Society of Petroleum Engineers，1992：18-21.

[141] 吴奇．水平井体积压裂改造技术［M］．北京：石油工业出版社，2013.

[142] 叶勤友．庙22区块水平井滑套封隔器分段压裂管柱力学分析［D］．大庆：东北石油大学，2013.

[143] 喻鹏，车航，刘汉成，等．苏75-70-6H水平井裸眼封隔器10级分段压裂实践［J］．石

油钻采工艺，2010，32（6）：72-76.

[144] 白田增，吴德，康如坤，等．泵送式复合桥塞钻磨工艺研究与应用［J］. 石油钻采工艺，2014，36（1）：123-125.

[145] SURJAATMADJA J B. Subterranean formation fracturing methods：U. S. Patent，No. 5765642［P］. 1998.

[146] SURJAATMADJA J B，GRUNDMANN S R，MCDANIEL B，et al. Hydraulic fracturing：An effective method for placing many fractures in openhole horizontal well［C］// SPE International Oil and Gas Conference and Exhibition in China. Beijing：Society of Petroleum Engineers，1998：2-6.

[147] SURJAATMADJA J B，MCDANIEL B W，SUTHERLAND R L. Unconventional multiple fracture treatment using dynamic diversion and downhole mixing［C］// SPE Asia Pacific Oil and Gas Conference and Exhibition. Melbourne：Society of Petroleum Engineers，2002：8-10.

[148] 田守嶒，李根生，黄中伟，等．水力喷射压裂机理与技术研究进展［J］. 石油钻采工艺，2008，30（1）：58-62.

[149] 张晶．水力喷射压裂参数研究［D］. 成都：西南石油大学，2015.

[150] 张勇年，马新仿，王怡，等．沁端区块煤层气水平井分段压裂裂缝参数优化研究［J］. 煤炭科学技术，2016，44（9）：178-184，199.

[151] 曲海，李根生，刘营．拖动式水力喷射分段压裂工艺在筛管水平井完井中的应用［J］. 石油钻探技术，2012，40（3）：83-86.

[152] 彪仿俊，刘合，张士诚，等．水力压裂水平裂缝影响参数的数值模拟研究［J］. 工程力学，2010，28（10）：228-235.

[153] 李根生，沈忠厚．高压水射流理论及其在石油工程中应用进展［J］. 石油勘探与开发，2005，32（1）：96-99.

[154] 胡海洋，金军，田树烜．分段压裂技术在贵州松河煤层气开发中的应用［J］. 煤矿安全，2016，47（9）：137-140.

[155] 王赶耀，丰庆泰，李平．沿煤层顶板水平井分段压裂煤层气开采技术研究［J］. 山西大同大学学报（自然科学版），2013，29（4）：68-70.

[156] 王晶，姚团琪．赵庄井田煤层气水平井分段压裂参数优化研究［J］. 中国煤炭地质，2017，29（4）：35-39.

[157] 许耀波，郭盛强．软硬煤复合的煤层气水平井分段压裂技术及应用［J］. 煤炭学报，2019，44（4）：1169-1177.

[158] 朱贤清，姚林，赖建林，等．浅层煤层气 U 型井分段压裂研究与应用［J］. 油气藏评价与开发，2016，6（3）：78-82.

[159] 张群，葛春贵，李伟，等．碎软低渗煤层顶板水平井分段压裂煤层气高效抽采模式［J］. 煤炭学报，2018，43（1）：150-159.

[160] 苏现波．煤层气储集层的孔隙特征［J］. 焦作工学院学报，1998，17（1）：6-11.

[161] 张超林．叠置含气系统煤层气开采制度优化及注二氧化碳增产机理研究［D］. 重庆：

重庆大学，2018.
[162] 张帆，马耕，冯丹．煤岩真三轴水力压裂模拟试验与裂缝扩展分析［J］．岩土力学，2019，40（5）：1890-1897.
[163] 刘东，许江，尹光志，等．多场耦合煤层气开采物理模拟试验系统的研制和应用［J］．岩石力学与工程学报，2014，33（增刊2）：3505-3514.
[164] 耿加波．煤与瓦斯突出灾变时空演化及其煤-瓦斯两相流运移特性物理模拟试验研究［D］．重庆：重庆大学，2018.
[165] 冯丹．煤层瓦斯水力冲/压一体化强化抽采物理模拟试验方法研究［D］．重庆：重庆大学，2017.
[166] 唐勖培．虚拟储层水力压裂物理模拟试验及煤层增透效果评价［D］．重庆：重庆大学，2017.
[167] 林韵梅．实验岩石力学：模拟研究［M］．北京：煤炭工业出版社，1984.
[168] 赵金洲，任岚，胡永全，等．裂缝性地层水力裂缝张性起裂压力分析［J］．岩石力学与工程学报，2013，32（增刊1）：2855-2862.
[169] 武鹏飞．煤岩复合体水压致裂裂纹扩展规律试验研究［D］．太原：太原理工大学，2017.
[170] 苏小鹏．含瓦斯煤成型条件优化及煤层气开采物理模拟试验研究［D］．重庆：重庆大学，2014.
[171] 那志强．水平井压裂起裂机理及裂缝延伸模型研究［D］．青岛：中国石油大学（华东），2009.
[172] 王乾．淮北某区块煤层气井二次改造关键技术［D］．焦作：河南理工大学，2017.
[173] 康红普，伊丙鼎，高富强，等．中国煤矿井下地应力数据库及地应力分布规律［J］．煤炭学报，2019，44（1）：23-33.
[174] 宋晨鹏，卢义玉，贾云中，等．煤岩交界面对水力压裂裂缝扩展的影响［J］．东北大学学报（自然科学版），2014，35（9）：1340-1345.
[175] 王瀚，刘合，张劲，等．水力裂缝的缝高控制参数影响数值模拟研究［J］．中国科学技术大学学报，2011，41（9）：820-825.
[176] 李扬，邓金根，蔚宝华，等．储/隔层岩石及层间界面性质对压裂缝高的影响［J］．石油钻探技术，2014，42（6）：80-86.
[177] 曲占庆，范菲，胡高群，等．水平井压裂缝缝高影响因素及控制方法研究［J］．特种油气藏，2010，17（3）：104-107.
[178] 梁志剑，叶静然．水力压裂裂缝效果影响因素研究［J］．煤炭技术，2019，38（1）：83-85.
[179] 焦作矿业学院瓦斯地质研究室．瓦斯地质概论［M］．北京：煤炭工业出版社，1990.
[180] 武鹏飞，梁卫国，廉浩杰，等．大尺寸煤岩组合体水力裂缝越界形成缝网机理及试验研究［J］．煤炭学报，2018，43（5）：1381-1389.
[181] 姜玉龙，梁卫国，李治刚，等．煤岩组合体跨界面压裂及声发射响应特征试验研究

[J]. 岩石力学与工程学报，2019，38（5）：875-887.

[182] 张文勇．鹤壁矿区煤层气水平井分段水力压裂工艺参数优化及应用［D］. 北京：中国矿业大学（北京），2015.

[183] 孟召平，尹可，章朋．基于断层摩擦强度的地应力计算模型与应用［J］. 煤炭科学技术，2018，46（6）：24-28，56.

[184] 陈胜．基于地层特性的页岩气水平井分簇射孔参数优化［D］. 北京：中国石油大学（北京），2016.

[185] 巫修平．碎软低渗煤层顶板水平井分段压裂裂缝扩展规律及机制研究［D］. 北京：煤炭科学研究总院，2017.

[186] 乌效鸣．煤层气井水力压裂计算原理及应用［M］. 武汉：中国地质大学出版社，1997.

[187] 尹建．水平井分段压裂诱导应力场研究与应用［D］. 成都：西南石油大学，2014.

[188] 邓燕．大位移井水力压裂裂缝起裂机理研究及应用［D］. 成都：西南石油大学，2003.

[189] 李超．大港致密油储层压裂诱导应力场研究与应用［D］. 成都：西南石油大学，2016.

[190] SNEDDON I N. The distribution of stress in the neighborhood of a crack in an elastic solid [J]. Proceedings of the Royal Society of London, Series A, 1946, 187 (1009): 229-260.

[191] 巫修平．基于诱导应力场的煤层气水平井分段压裂间距优化研究［J］. 中国煤炭地质，2018，30（2）：24-28，72.

[192] 田伟．页岩储层水力压裂复杂裂缝网络数值模拟［D］. 合肥：中国科学技术大学，2018.

[193] 郭建春，李根，周鑫浩．页岩气藏缝网压裂裂缝间距优化研究［J］. 岩土力学，2016，37（22）：3123-3129.

[194] 陈薇羽，刘平礼，张轶茗．水平井交替压裂诱导应力影响研究［J］. 油气藏评价与开发，2017，7（6）：57-60，65.

[195] 李旺，李连崇，唐春安．水平井平行裂缝间诱导应力干扰机制的数值模拟研究［J］. 天然气地球科学，2016，27（11）：2043-2053.

[196] 赵永超．不同煤储层类型水平井分段水力压裂参数优化［D］. 焦作：河南理工大学，2018.

[197] 李海涛．多裂缝应力干扰研究［D］. 成都：西南石油大学，2015.

[198] 尚校森，丁云宏，杨立峰，等．基于结构弱面及缝间干扰的页岩缝网压裂技术［J］. 天然气地球科学，2016，27（10）：1883-1891.

[199] 任岚，赵金洲，胡永全，等．裂缝性地层水力裂缝非平面延伸特征分析［J］. 中南大学学报（自然科学版），2014，45（1）：167-172.

[200] 翁定为，雷群，胥云，等．缝网压裂技术及其现场应用［J］. 石油学报，2011，32（2）：280-284.

[201] 宋晨鹏，卢义玉，夏彬伟，等．天然裂缝对煤层水力压裂裂缝扩展的影响［J］. 东北大学学报（自然科学版），2014，35（5）：756-760.

[202] 赵金洲，任岚，胡永全，等．裂缝性地层水力裂缝非平面延伸模拟［J］. 西南石油大学

学报（自然科学版），2012，34（4）：174-180.

[203] 任岚，林然，赵金洲，等．页岩气水平井增产改造体积评价模型及其应用［J］．天然气工业，2018，38（8）：47-56.

[204] LI D Q，ZHANG S C，ZHANG S A. Experimental and numerical simulation study on fracturing through interlayer to coal seam［J］. Journal of Natural Gas Science and Engineering，2014，21：386-396.

[205] 赵源．本煤层水力压裂及增透范围研究［D］．重庆：重庆大学，2015.

[206] 杨焦生，王一兵，李安启，等．煤岩水力裂缝扩展规律试验研究［J］．煤炭学报，2012，37（1）：73-77.

[207] 王泽东．控制水力裂缝高度延伸技术研究［D］．成都：西南石油大学，2014.

[208] 周祥，张士诚，马新仿，等．薄差层水力压裂控缝高技术研究［J］．陕西科技大学学报，2015，33（4）：94-99.

[209] 张矿生，唐梅荣，杜现飞，等．致密薄互层缝高扩展影响因素的试验研究［J］．科学技术与工程，2017，17（22）：197-203.

[210] 米强波．碳酸盐岩低应力差储层控缝高机理及工艺研究［D］．成都：成都理工大学，2017.

[211] 巫修平，张群．碎软低渗煤层顶板水平井分段压裂裂缝扩展规律及控制机制［J］．天然气地球科学，2018，29（2）：268-276.

[212] 胡阳明，胡永全，赵金洲，等．裂缝高度影响因素分析及控缝高对策技术研究［J］．重庆科技学院学报（自然科学版），2009，11（1）：28-31.

[213] 岳艳如．砂砾岩储层压裂控缝高技术研究［D］．东营：中国石油大学（华东），2011.

[214] 王成龙，夏宏泉，杨双定．基于岩石脆性系数的压裂缝高度与宽度预测方法研究［J］．测井技术，2013，37（6）：676-680.

[215] 张平．低渗透底水油藏压裂技术研究与应用［D］．成都：西南石油大学，2009.

[216] 宋晨鹏．煤矿井下多孔联合压裂裂缝控制方法研究［D］．重庆：重庆大学，2015.

[217] 王泽东．控制水力裂缝高度延伸技术研究［D］．成都：西南石油大学，2014.

[218] 李根生，黄中伟，田守嶒，等．水力喷射压裂理论与应用［M］．北京：科学出版社，2011.

[219] 田守嶒，陈立强，盛茂，等．水力喷射分段压裂裂缝起裂模型研究［J］．石油钻探技术，2015，43（5）：31-36.